编 委 会

主　任　杜祥琬
副主任　沈倍奋
委　员　(按姓氏笔画排序)
　　　　　王玉民　叶常青　陈冀胜　周丰峻
　　　　　钱七虎　黄培堂　潘自强
主　编　陈竹舟　叶常青
主　审　潘自强
参　编　张国斌　张雅丽

权威·科学·全面·实用
幸福生活必备手册系列

核与辐射防护手册

中国工程院组织
陈竹舟 叶常青 主编
潘自强 主审

科学出版社
北京

内容简介

在核能开发利用过程中，先后发生的1979年美国三厘岛核电站事故、1986年苏联切尔诺贝利核泄漏事故、2011年日本福岛核电站重大核泄漏危机在公众中引起了广泛的焦虑和恐慌情绪。

本书通过问答的形式，系统、科学、全面地讲解了有关放射性的基本知识、电离辐射对人体健康的影响、核与辐射突发事件的特征和可能后果，在此基础上图文并茂地介绍了公众必备的一些防护措施，这些措施科学、简练、实用性强。

本书语言通俗易懂，适合社会公众阅读和收藏，更是城乡社区、企事业单位、大中小学校等社会机构和团体进行防灾减灾教育的必备手册。

图书在版编目（CIP）数据

核与辐射防护手册/陈竹舟，叶常青主编．—修订本．—北京：科学出版社，2011.4
 ISBN 978-7-03-026079-6

Ⅰ.①核… Ⅱ.①陈… ②叶… Ⅲ.①核防护—手册②辐射防护—手册 Ⅳ.①TL7-62

中国版本图书馆CIP数据核字（2011）第039522号

策划编辑：侯俊琳　沈红芬
责任编辑：牛　玲　张　凡　李　奘/责任校对：钟　洋
责任印制：赵　博/封面设计：无极书装

科学出版社 出版
北京东黄城根北街16号
邮政编码：100717
http://www.sciencep.com

天津市新科印刷有限公司印刷
科学出版社发行　各地新华书店经销
*

2011年4月第 一 版　开本：720×1000　1/16
2025年4月第二次印刷　印张：9 1/4
字数：120 000
定价：48.00元
（如有印装质量问题,我社负责调换）

前 言

2011年3月11日，必将成为全世界共同铭记的灾难时刻。这一天，日本发生了9级大地震。这突如其来的大地震及其引发的大海啸，不仅造成日本民众的大量伤亡和财产损失，数万人下落不明，还导致了核泄露及辐射污染。

众所周知，由于核的特殊性，各国核与辐射相关设施通常有着十分严格的安全和保障措施，发生核与辐射泄露、污染的可能性非常小。但我们必须清醒地意识到，核与辐射的危险

为此，我们非常希望能及时出版一本面向全民普及核与辐射相关知识的读物，帮助公众消除疑惑和恐惧，增强科学正确的防护自救能力。其实早在2006年，中国工程院就在其课题成果的基础上，出版了科普图书《如何应对核与辐射恐怖》该书在公众反恐领域受到了广泛关注和好评。因此，我们迅速对其进行了一些小的修订和改版，并定名为《核与辐射防护手册》，全书分放射性基本知识、电离辐射对人体健康的影响、核与辐射突发事件的特征与可能后果、公众防护行动四个部分，以102个问答的生动形式，为读者提供了有关核与辐射较全面的必备知识。

核与辐射突发事件的影响是多方面的，我们只有及时掌握一些基本知识，才能更好地判断和应对，包括采取正确的措施来实现自我防护和救助，同时也避免一些不必要的恐慌，共同努力将社会和个人损失降到最低。

本书的作者都是资深的专业技术人员，他们在尊重知识、尊重事实的前提上撰写了这本科普小册子，但难免可能仍存有不妥之处，敬请读者指正。

中国工程院院士　潘自强

2011年3月

目 录

前言

第一章 放射性基本知识

1. 恐怖活动离我们有多远——当前的反恐形势 /3
2. 什么是核与辐射突发事件 /4
3. 从居里夫人发现钋、镭谈起——什么是放射性 /6
4. 辐射与我们有关吗——什么是电离辐射和非电离辐射 /7
5. α射线、β射线和γ射线有些什么特点 /8
6. 中子射线有什么特点 /10
7. 你受过X射线照射吗——X射线及其特点 /11
8. 观看电视和使用计算机对健康会有危害吗 /12
9. 放射性强弱可以度量吗——放射性活度与单位 /13
10. 为什么时间长了，有的放射性物质的放射性变弱，甚至消失不见——放射性半衰期 /13
11. 辐射对人体的作用怎么度量——辐射测量 /14
12. 我们时时刻刻在接触放射性——天然放射性 /15
13. 人类也在制造放射性——人工放射性 /17
14. 警惕居室中的危害——什么是氡 /18
15. 常见放射性核素 /19

16. 心脏起搏器的能源——钚 /20

17. 火灾报警的卫士——镅 /22

18. 从发现天然放射性到制造原子弹——铀 /23

19. 杀死癌细胞的一把刀子——放射性钴 /25

20. 环境放射性污染的重要标志物——放射性锶 /26

21. 放射性锶-90的孪生兄弟——放射性铯-137 /27

22. 核医学科常用的一种药剂——放射性碘 /28

23. 什么是氚 /30

24. 辐射源、放射源和射线装置都能产生放射线吗 /31

25. 什么是密封放射源、非密封放射源 /31

26. 放射性标志与常见密封放射源的外观 /32

27. 日常生活中会遇到放射性废物吗——什么是放射性废物 /34

28. 正常情况下，人们一般受到哪些辐射照射 /35

29. 孕妇可以乘飞机吗——宇宙射线对空中飞行人员的照射 /37

30. 什么是职业照射，职业照射对工作人员所致剂量有多大，国家对职业照射有什么限制 /38

31. 地下场所作业人员受到的辐射照射 /40

32. 生活在核电站周围安全吗——核电站周围居民受到的辐射照射 /42

33. 什么是医疗照射，不同诊治措施对患者会造成多大剂量的照射，为什么对医疗照射没有规定剂量限值 /43

34. 在医疗照射中哪些问题需要引起注意 /45

35. 什么是外照射，外照射途径是什么 /47

36. 什么是内照射，内照射途径是什么 /48

第二章　电离辐射对人体健康的影响

37. 人类逐渐认识到放射性可能危及健康　/53
38. 电离辐射的健康效应有哪些　/54
39. 从白内障谈起——什么是确定性健康效应　/55
40. 从白血病谈起——什么是随机性健康效应　/56
41. 辐射诱发癌症的危险有多大　/58
42. 辐射诱发人类遗传效应还有待进一步证实　/59
43. 孕妇受到辐射照射后会有什么后果　/60
44. 关注孕妇接受的医疗照射　/61
45. 儿童受到辐射照射后会有什么后果　/62
46. 儿童接触医疗照射时应注意什么事项　/63
47. 放射性可以测量吗，环境放射性怎么测量　/65
48. 个人受照剂量怎么测量　/66
49. 怎么知道体内已受到放射性污染　/67
50. 对应急响应工作人员受照剂量的控制有哪些规定　/68

第三章　核与辐射突发事件的特征与可能后果

51. 恐怖分子可能通过什么途径制造核与辐射恐怖事件　/73
52. 核与辐射恐怖事件的主要危害是什么　/74
53. 什么是放射性散布装置　/75
54. 放射性散布事件的特征和后果是什么　/76

55. 警惕危险放射源的危害——放射源分类   /77

56. 防止危险放射源落入恐怖分子手中——放射源的保安   /79

57. 无知酿成悲剧——巴西戈亚尼亚铯源事故   /80

58. 废源管理失控闯下大祸——国内两起钴源事故   /82

59. 什么是核材料   /84

60. 恐怖分子是如何非法获得核材料的   /85

61. 放射性散布事件发生的可能性有多大   /87

62. 向水源或水体投放放射性物质的可能后果是什么   /88

63. 什么是核设施、核活动   /89

64. 我国有哪些主要核设施   /89

65. 核设施有防范恐怖袭击的能力吗   /90

66. 核设施遭受恐怖袭击后可能有什么后果   /92

67. 三厘岛核电站事故对环境造成重大放射性污染了吗   /93

68. 切尔诺贝利核电站事故到底死了多少人   /94

69. 日本JCO事故的影响范围有多大   /95

70. 日本美滨核电站蒸汽泄漏事故有放射性释放吗   /96

71. 什么是核武器   /97

72. 什么是临时拼装的核武器   /98

73. 临时拼装的核武器爆炸的特征和可能后果是什么   /99

74. 贫铀弹是核武器吗,使用贫铀弹对人员和环境的影响是什么   /101

75. 核与辐射突发事件的心理社会效应有哪些表现   /103

第四章　公众防护行动

76. 核与辐射突发事件的时间阶段是怎么划分的　/107
77. 保护公众的防护措施有哪些　/108
78. 对外照射如何进行防护　/108
79. 对内照射如何进行防护　/109
80. 早期的防护措施是什么　/110
81. 中期的防护措施是什么　/110
82. 晚期的防护措施是什么　/111
83. 公众如何知道发生了核与辐射突发事件　/111
84. 一旦出现了核与辐射突发事件，公众应怎么办　/112
85. 最初到达现场的初始响应人员应如何保护自己　/114
86. 什么情况下采取隐蔽措施，公众应注意什么　/115
87. 什么情况下采取撤离措施，撤离时应注意什么　/116
88. 什么情况下需要采取个人防护措施，公众应注意什么　/118
89. 什么情况下服用稳定性碘　/119
90. 服用稳定性碘应注意什么　/120
91. 什么情况下需要采取避迁措施，应注意什么问题　/122
92. 什么情况下需要采取永久性重新定居的措施，应注意什么问题　/123
93. 什么情况下需要对地区或通道实施控制或封锁，采取这一措施的主要困难是什么　/124
94. 什么情况下应控制食物与饮水，公众应注意什么　/124
95. 什么情况下需要消除放射性污染，公众应注意什么　/126

96. 怎么知道自己的房屋和其他财产受到放射性污染 / 127

97. 什么情况下需要进行地区去污与恢复措施 / 128

98. 在突发事件现场出现伴有外伤的放射性污染伤员时，公众应如何自救、互救 / 128

99. 哪些伤员可在普通医院治疗 / 129

100. 公众在突发事件中及事件后应如何控制情绪和保持良好的心态 / 130

101. 哪些人员应接受心理卫生方面的帮助 / 132

102. 在突发事件中为什么要对儿童、老人、残疾人、孕妇和年轻妇女采取特别保护 / 133

附录 / 135

第一章
放射性基本知识

1. 恐怖活动离我们有多远——当前的反恐形势

2001年9月11日，发生在美国的恐怖袭击事件造成了3100多人死亡。此次事件后，世界范围的恐怖活动不仅没有停止，反而有扩大的趋势。

2003年，世界各地相继发生重大恐怖事件。从印度尼西亚雅加达、沙特阿拉伯利雅得、摩洛哥卡萨布兰卡、土耳其伊斯坦布尔等城市到伊拉克，发生的重大恐怖事件就达13起之多，造成数千名无辜生命的伤亡。

2004年恐怖活动继续加剧，发生的恐怖事件让世界人民感到震惊。如果说9月1日发生在俄罗斯莫斯科的地铁爆炸事件和9月22日发生在印度尼西亚雅加达的澳大利亚驻印度尼西亚大使馆的大爆炸事件告诫人们恐怖分子继续在猖獗活动，则9月1～3日在俄罗斯北奥塞梯别斯兰市第一中学发生的劫持人质事件，更让世界人民深深感到恐怖分子的残忍和没有人性。在这次事件中，1000多名学生和家长被恐怖分子劫持为人质，并有300多人（一半以上是儿童）死亡。

2005年，世界范围的恐怖活动有增无减，变本加厉地进行着，各种形式的爆炸事件、人质劫持事件等恐怖活动频繁发生，且呈升级和蔓延之势。特别是7月发生在英国和埃及的连环爆炸事件让整个欧洲、非洲，乃至全世界感到严重的紧张和不安。其中，7月7日伦敦地铁和公共汽车的连环爆炸事件已造成至少56人死亡，近千人受伤；而发生在埃及旅游城市沙姆沙伊赫的连环爆炸已造成近百人死亡，200多人受伤。

应该看到，恐怖主义是全世界人民的共同敌人，而且，恐怖袭击的目标也在不断扩大。对恐怖事件我们一点也麻痹不得，不是吗？2004年10月份在巴基斯坦就发生了中国水电十三局的两名工程师被恐怖分子劫为人质，并最终导致1人死亡、1人受伤的事件。而且应该看到，在我国同样存在犯罪团伙、民族分裂分子和极端主义势力，绝不可忽视这些人或组织会采用恐怖袭击的手段。

还应该看到，随着科技的不断发展，恐怖活动的科技含量也在不断提高，核与辐射恐怖袭击也成为恐怖分子选择的恐怖袭击途径之一。至今虽尚未发生污染环境或造成公众辐射损伤的核与辐射恐怖袭击事件，但与该类事件相关的核材料失窃与走私、放射源被盗与交易，以及恐吓或威胁使用放射性物质的事件时有发生，表明确实存在发生核与辐射事件的潜在危险，丝毫麻痹不得。鉴于核与辐射恐怖威胁的存在现实，第59届联合国大会于2005年4月13日一致通过《制止核恐怖行为国际公约》。公约规定任何以危害人身、财产和环境为目的，拥有使用或威胁使用放射性物质或核装置均属犯罪，任何破坏核设施的行为也属犯罪。公约要求各国政府立即采取立法等措施打击核恐怖行为，确保对那些制造、参与、组织和策划核恐怖行为的人的惩罚，对于涉嫌制造核恐怖行为的人，各国政府必须予以起诉或将其引渡受审。

2. 什么是核与辐射突发事件

核与辐射突发事件，首先，它是一种突发事件，是一种不在预料之中的、突然发生的对社会与公众的健康和安全、对环境或对国家和私人财产等具有重大危害的大事情；其次，它应是涉及核与辐射影响的突发事件，也即与放射性有关的突发事件。

核与辐射突发事件可以是核设施（如核电站、研究堆）或核活动（如核技术应用、放射性物质运输）中发生的重大事故，导致放射性物质污染环境或使工作人员、公众受到过量的照射。1986年发生在苏联切尔诺贝利核电站的事故就是这种突发事件的实例。

为了在世界范围内有一个与媒体和公众就发生的核与辐射事故（事件）及其特征、后果进行沟通的共同尺度，国际原子能机构（IAEA）和经济合作与发展组织核能机构（OECD/NEA）制定了国际核与辐射事件分级表（INES）。该表于1990年发布，几经修改，2008年发布最新版。

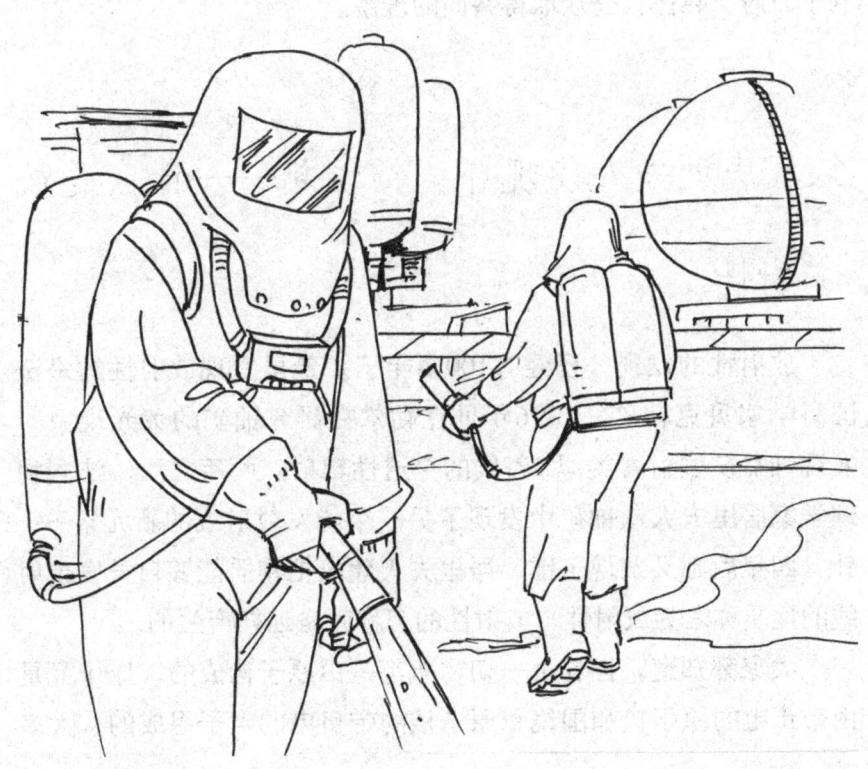

INES将事件分为7级。1~3级称为"事件",4~7级称为"事故",没有安全意义的事件则称为0级。各事件按照严重性递增进行排列,其中,事件又分为异常、一般事件和重大事件,事故分为影响范围有限的事故(4级)、影响范围较大的事故(5级)、重大事故(6级)和特大事故(7级)。按照INES分级,苏联1986年发生的切尔诺贝利事故属于7级;1979年的美国三厘岛事故为5级,1999年的日本JCO事故为4级。本书出版时发生的日本福岛核电站事故,日本政府开始定为4级,现提升为5级,但国际比较普遍地认为该事故应属于5~6级。

使用INES便于以国际上协调一致的方式迅速向媒体和广大公众通报有关核与辐射突发事件的安全重要性和后果严重程度,有利于政府、媒体、公众取得共同的理解。

3. 从居里夫人发现钋、镭谈起——什么是放射性

放射性的发现,已经有100多年了。最早发现放射性的是法国科学家贝克勒尔。1896年贝克勒尔在研究铀矿的荧光现象时发现铀盐矿发射着类似X射线的穿透性辐射。两年之后,法国物理学家居里夫人从铀矿中发现了另一个能发射射线的新元素——钋,四年后她又发现了镭,居里夫人建议把物质能够自发发出射线的性质称之为放射性,放射性的名称就是这样产生的。

大家都知道,世界上一切物质都是由原子构成的,原子又是由带正电的原子核和围绕着原子核的带负电的电子组成的。大多

居里夫人

数核素的原子核是稳定的，但也有一些核素的原子核不稳定，能发射出放射线。具有放射性的核素被称为放射性核素。放射性核素发射出放射线后将变成新的同位素，新同位素可能是放射性同位素，也可能是稳定同位素，而这一过程则称为放射性衰变。

4. 辐射与我们有关吗——什么是电离辐射和非电离辐射

我们天天在和辐射打交道，只是我们自己并不一定意识到。

太阳光、紫外线、热、声、电磁波，这些都是辐射。但当人们谈论辐射时，首先想到的却很可能是α（阿尔法）射线、β（贝塔）射线、γ（伽马）射线等这一类辐射。

可以把辐射分为两类。一类是电离辐射，这是指α、β、γ、

X、中子等放射线。之所以称其为电离辐射,是因为这些射线能够直接或间接地使物质电离(即原子或分子获得或失去电子而成为离子)。电离辐射按粒子带电情况又可以称为带电粒子辐射(如α、β粒子)和不带电粒子辐射(如中子、X和γ射线)。另一类辐射称为非电离辐射,如可见光、紫外线、声辐射、热辐射和低能电磁辐射。

目前人们对电离辐射环境影响的考虑,仍然主要集中在保护人类健康上,但对非人类物种的保护也已引起广泛和高度重视。

5. α射线、β射线和γ射线有些什么特点

α射线,又称α粒子流。α粒子是高速运动的带正电的氦原子核。由于α粒子是带正电的重粒子,质量大、电荷多,电离本领

大，但穿透能力差。在α、β、γ三种射线中，α射线的穿透能力最差，在空气中的射程只有1~2厘米，通常用一张纸就可以挡住α粒子。但α射线的电离能力却是三种射线中最大的，穿过空气时可以使空气变为导体。

许多放射性核素能自发发射α射线，如铀、镭和钋。

由α射线的特征可以知道，防护来自外部的α射线是比较容易的，或者说，α射线只要不进入人体内，对人体是不会有大的影响的。但如果α放射性物质经吸入、食入或由伤口等途径进入到人体，由于其释出的α粒子具有强的电离能力，会对邻近的组织产生较大照射，对人体的影响要大于其他射线。

β射线是高速运动的电子流，带负电荷，质量很小，贯穿本领比α粒子强，电离能力比α粒子弱。β射线在空气中的射程，因其能量不同而有较大差异，一般为几米。通常用一般的金属板或有一定厚度的有机玻璃板、塑料板就可以较好地阻挡β射线对人的照射。

许多放射性核素能自发发射β射线，如氚、碳-14和锶-90。

β射线具有一定的穿透本领和电离能力，容易被人体表面组织所吸收，引起组织表层的损伤，由体内β放射性物质释出的β射线也可能对健康产生一定的影响。从保护人的健康考虑，既要注意防止外部β射线的直接照射，防止高能β粒子可能引起的皮肤烧伤，也要防止吸入被β放射性物质污染的空气或食入污染的食物，并避免皮肤（特别是伤口）被污染。

γ射线是波长很短的高能电磁波，它不带电，不具有直接电离的能力，但可以通过和物质的相互作用，间接引起电离效应。γ射线具有很强的穿透能力。不同放射性核素发射的γ射线，能量可以有很大差异，因而γ射线在空气中的射程也是不同的，通常为几百米（注意：某一放射源向空气中发射γ射线，放射源周围

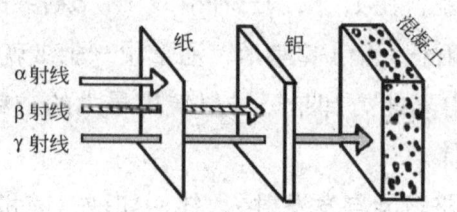

不同射线的穿透能力

四面八方都将接收到γ射线。随着离源距离增大,接收γ射线的球面积迅速增长,γ射线的强度迅速变小,几百米后γ射线的强度一般已很小)。要想有效阻挡γ射线,一般需要采用厚的混凝土墙或重金属(如铁、铅)板块。

许多放射性核素能自发发射γ射线,如在核技术应用中经常使用的钴-60、铱-192等。

γ射线穿透力强,不直接引起电离效应,因此,从保护人体健康考虑,要特别注意防止外部γ射线的照射。

6. 中子射线有什么特点

中子是质量与氢原子相近的中性粒子,是构成原子核的重要组分。由中子组成的中子射线是中性的粒子流,不带电,穿透能力强。中子射线因不带电,故不具有直接的电离能力,但也像γ射线一样可通过和物质的相互作用产生的次级粒子间接地使物质电离。

通常将中子按其能量由低到高分类为热中子、慢中子、中能中子、快中子、高能中子。高能中子能量在10兆电子伏(MeV)以上,而热中子与慢中子的能量分界限为0.5电子伏(eV)。

把快中子减速使之能量降低的这一过程称中子慢化,而中子只有被慢化后才能有效地被某些物质吸收。由于轻元素是良好的快中子减速剂，常用含氢物质或原子量小的物质（如水、石蜡、石墨、聚乙烯等）作为快中子的减速剂以有效地防护中子对人体的照射。从保护人体健康出发，重点考虑对外部中子的照射防护。

某些核设施发生临界事故时，事故现场附近会出现对工作人员的中子辐照问题。核武器爆炸也会造成中子对人的照射。日常使用中子源（如镅-铍中子源和钋-铍中子源）或某些加速器也存在中子防护问题。

7. 你受过X射线照射吗——X射线及其特点

在各种放射线中，人们通常接触最多的就是X射线。大大小小的医院几乎都设置有放射科，而男女老少大多在这里接受过X射线透视或照相，以检查、诊断身体各器官、组织功能和结构的改变。在工业等领域，X射线也有广泛应用。

X射线和γ射线一样，是一种高能电磁辐射，有较强的穿透能力，且只有通过与物质相互作用，才能使物质间接地产生电离效应。X射线与γ射线的不同之处在于：①其能量低于γ射线；②产生的机制不同，γ射线由放射性核素自发衰变释放出，而X射线通常是高速电子轰击金属靶产生的。

要有效阻挡X射线，一般需要采用重金属板块，从保护人体出发，同样需要特别注意来自外部的X射线照射。但对低能量的软X射线（如来自电视机和计算机的低能量软X射线），由于其能量很低，比较容易对它加以屏蔽（电视机或计算机的显示屏就能很好地阻挡软X射线）。

8. 观看电视和使用计算机对健康会有危害吗

信息时代的到来,计算机和电视机不仅遍及办公室的各个角落,而且已经深入到千家万户。因而,计算机和电视机视屏的电离辐射也成为人们非常关心的问题。为此,在20世纪90年代国内有关机构对此做过调查。监测对象包括国产和进口的各种型号的计算机终端(多为20世纪80年代后期生产)200余台、黑白和彩色电视机共30多种。

监测结果表明,从这两类视屏泄漏出来的X射线是低能X射线。由于视屏吸收了大部分X射线,尚可穿透的X射线对人体产生的照射剂量极低,人们无需担心看电视或使用计算机会使身体受到辐射伤害。

在日常生活中,确有一些长期从事计算机工作的人员反映出现一些不适的症状,这与较长时间不合适的体位造成的疲劳有

关。所以，这类工作人员应注意有合适的工作体位和良好的作息制度，以减轻可避免的疲劳（包括眼疲劳）。

9. 放射性强弱可以度量吗——放射性活度与单位

放射性强弱或大小，同样是可以度量的。度量放射性强弱的单位是放射性活度。将某一定量的放射性物质的放射性活度定义为在特定能态下单位时间内发生自发核衰变的数目。一般可把放射性活度简单地理解为单位时间发生的衰变数目。放射性活度的国际单位制专用单位是贝可勒尔，简称贝可，符号为Bq。1Bq=1/秒，即1秒钟发生1个衰变。早期使用的活度单位为居里(Ci)，1Ci=3.7×10^{10}Bq。目前，仍允许同时使用两种单位。

10. 为什么时间长了，有的放射性物质的放射性变弱，甚至消失不见——放射性半衰期

人们在使用或保存放射性物质的过程中可能发现某些放射性物质的放射性随时间的推移不断变弱，甚至消失不见（仪器也测量不到！）。这说明，放射性物质随时间有减弱的趋势，但这种趋势又因放射性核素的不同而有很大差异。于是引入放射性半衰期的概念。放射性半衰期是放射性核素因放射性衰变而使其活度降低到原来的一半时所经过的时间。放射性半衰期通常用符号$T_{1/2}$

表示。

不同放射性核素的放射性半衰期差异很大。短的只有几天、几小时、几分钟,甚至不到1秒钟,长的却可达几千年、几万年,甚至是几亿年、几十亿年。以比较常见的放射性核素为例,氡为3.82天、碘-131约为8天、钴-60为5.3年、氚为12.3年、锶-90为29.1年、铯-137为30.0年、镭-226为1.6×10^3年、钾-40则长达1.3×10^9年。一般来说,天然放射性核素的半衰期较长,而多数人工放射性核素的半衰期都较短。

按照半衰期的概念,一定量的放射性核素放置一个半衰期的时间,其放射性活度将减一半;放置6个半衰期,将减至原来的1/64;而放置10个半衰期后,放射性活度只约为原来的1/1000。由此可知,让短半衰期的放射性物质搁置一定时间后,可使其放射性活度降低到很低而不致对人体的健康产生影响;但对长半衰期的放射性核素,有限的时间对其放射性活度的减少几乎不起作用。

在各种辐射中,由X射线装置产生的X射线就不存在半衰期的概念,因为只要关掉X射线装置,也就不产生X射线了。

11.辐射对人体的作用怎么度量——辐射测量

为了度量辐射对人体作用的大小,需要引入相关的量——辐射剂量。因为辐射对人体健康的影响大小,不仅与辐射的类型、能量有关,也与受辐射作用的人体组织、器官的特性(例如对辐射的敏感程度),以及放射性核素在体内滞留的时间等因素有关,所以要使用辐射剂量来表示人体健康可能受到影响的程度。最常用的辐射剂量有3个:吸收剂量、当量剂量和有效剂量。

吸收剂量是指单位质量的组织或器官吸收的辐射能量大小。

吸收剂量的国际单位制专用单位为戈瑞（Gy），1Gy相当于辐射授予每千克质量组织或器官的能量为1焦耳。早期使用的吸收剂量单位为拉德（rad），1Gy=100rad。

由于在授予相同能量的情况下，不同辐射类型对组织、器官的相对危害程度不同，于是引入器官或组织的当量剂量，它等于组织或器官接受的平均吸收剂量乘以辐射权重因子后得到的乘积。引入辐射权重因子就是用于考虑不同辐射对健康的相对危害程度，X、γ和β射线的辐射权重因子为1，中子的辐射权重因子为5~20（决定于中子能量），而α的辐射权重因子为20。这表明，在相同吸收剂量的情况下，α粒子和中子对身体的健康危害远大于β和X、γ射线。当量剂量的国际单位制的专用单位为希沃特（Sv）。早期使用的单位为雷姆（rem），1Sv=100rem。

当考虑辐射对人体的随机性效应，且人体接受的是非均匀照射（即各组织器官接受的当量剂量不同）时，要考虑不同组织、器官对辐射的不同敏感性，于是要使用一个新的辐射剂量来衡量辐射对人体健康的影响，这个新的量称有效剂量。将有效剂量定义为各组织的当量剂量和各自的组织权重因子的乘积的总和。在这里，组织权重因子用于表示各组织器官对辐射的敏感程度。例如，骨髓和性腺对辐射敏感程度高，权重因子就大；皮肤对辐射不敏感，权重因子就小。有效剂量的单位也是希沃特（Sv）。

12. 我们时时刻刻在接触放射性——天然放射性

放射性看不见、闻不着、无声无味、无色无嗅。由于有些人

把它与原子弹爆炸直接相关联,于是有一些人感到放射性可怕、神秘,甚至产生"恐核"的心理。

其实,从地球诞生的时刻起,放射性就已经存在。我们的生活环境中,可以说是放射性无时不有、无处不在。天上、地下、水里、海中、吃的、住的、用的,乃至人体肌肉组织和骨骼都存在有放射性。一句话,我们天天在接触放射性,只是自己并没有感觉到。

我们把天然存在的放射性称为天然放射性。把天然存在的能自发释放出射线的核素,称为天然放射性核素,如钾-40及铀、钍等放射性核素。

人们受到的天然放射性的照射,来源于下列3个方面:①宇宙射线。宇宙射线是来自宇宙空间的射线,包括初级宇宙射线和次级宇宙射线。前者是直接来自宇宙空间的质子和重带电粒子,

后者则是初级宇宙射线进入大气层与空气作用后产生的中子、质子、π介子和K介子等。离海平面越高，宇宙射线的照射越强。②土壤、岩石以及建筑物等中存在的天然放射性核素（如放射性铀、钍及其衰变产物镭、氡）及钾-40等。③人体内的放射性，包括钾-40及通过呼吸和饮食进入人体内的天然放射性物质。

由于天然放射性核素的分布并不是均匀的，不同地区的人们所接受的来自天然放射性的照射水平也会不同，但时时处处都要接受天然放射性照射则是相同的。

通常把来自天然放射性的照射称为天然辐射。

13. 人类也在制造放射性——人工放射性

人类出于各种目的也生产、制造了很多具有放射性的核素，我们称其为人工放射性核素。含人工放射性核素的物质称人工放射性物质。人工放射性核素、放射性物质所具有的放射性就称之为人工放射性。很显然，人工放射性核素并不是指自然界中原本就有的，而是人为制造出来的那些核素。许多人工放射性核素已经被广泛用于工业、农业、医学和科研、教学等领域。

目前人类生存环境中存在的人工放射性，主要来源于从20世纪50~80年代（主要是1962年底以前）的大气层核试验，主要的人工放射性核素有锶-90、碘-131和铯-137等。核电及核燃料循环过程中也向环境释放一定量的人工放射性核素，但数量极少。人工放射性的第三个来源是工业、农业、医学和教学中的放射性同位素的应用。此外，已发生的核或辐射事故也是人类生存环境中存在的人工放射性的来源之一。

14. 警惕居室中的危害——什么是氡

有人把氡气比做"无形的杀手",这多少有些夸大其词,但氡对人的健康有害,则是千真万确的。世界卫生组织已把氡列为19种致癌物质之一,研究成果也已表明氡吸入是仅次于吸烟的第二大致肺癌因素。

氡是天然放射性惰性气体(故也称氡气),无色无嗅,可溶于水,其化学符号为Rn。氡有很多放射性同位素,都是天然放射性衰变系(指天然放射性核素衰变系列,每一种母体放射性核素衰变为下一个子体放射性核素,继续下去,直到形成一种稳定性核素)的中间产物。其中半衰期最长的同位素是氡-222(半衰期3.82天),前面所说的氡通常就是指氡-222。

氡-222的放射性子体均属固态放射性核素,能在空气中形成气溶胶,被人们吸入后,容易被呼吸道截留而诱发肺癌。

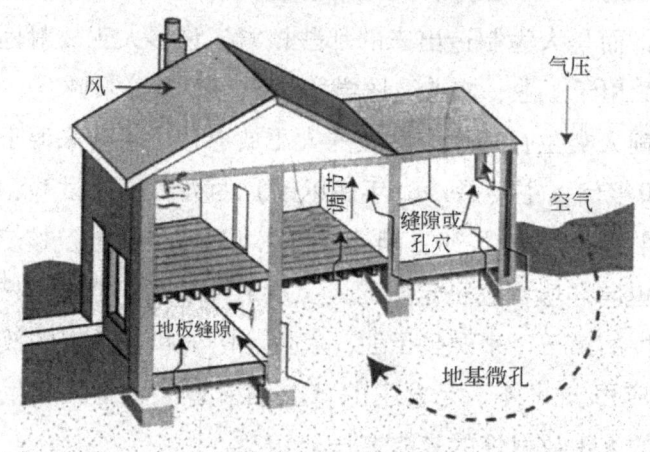

氡气是如何进入房屋内的

氡-220是氡的另一个同位素，半衰期为55秒。由于氡-220是钍-222的衰变产物，也把它称为钍射气。在我国，已发现泥土房和窑洞中氡-220的浓度较高，并开始引起人们的关注。

氡无所不在，遍布在我们的生活环境之中，而我们需要特别警惕的是室内的氡。室内的氡气可以来自地基下的土壤，也可来自各种建筑材料，或来自空气或用水。一般地下室、窑洞或土坯房子的氡气浓度较高，而通风不好也会导致氡气积累而使浓度升高。因此，为了减少氡及其子体的危害，要保持室内通风良好。此外，还可采取其他措施来降低氡浓度。

15. 常见放射性核素

常见放射性核素及其简要特性

核素	化学符号	原子序数	主要放射性同位素	半衰期	放射性核素来源	毒性
氢	H	1	^{3}H（氚）	12.3a	天然或人工	低毒
碳	C	6	^{14}C	573×10^3a	天然或人工	低毒
磷	P	15	^{32}P	14.3d	天然或人工	中毒
钾	K	19	^{40}K	1.28×10^9a	天然	低毒
钴	Co	27	^{60}Co	5.3a	人工	高毒
镍	Ni	28	^{63}Ni	96.0a	人工	中毒
氪	Kr	36	^{85}Kr	10.8a	人工	低毒
锶	Sr	38	^{90}Sr	29.1a	人工	高毒
锆	Zr	40	^{95}Zr	64.0d	人工	中毒
钌	Ru	44	^{106}Ru	1.01a	人工	高毒
碘	I	53	^{125}I	60.1d	人工	中毒
			^{131}I	8.04d	人工	中毒

续表

核素	化学符号	原子序数	主要放射性同位素	半衰期	放射性核素来源	毒性
铯	Cs	55	^{137}Cs	30.0a	人工	中毒
铈	Ce	58	^{144}Ce	284d	人工	高毒
钷	Pm	61	^{147}Pm	2.62a	人工	中毒
铱	Ir	77	^{192}Ir	74.0d	人工	中毒
钋	Po	84	^{210}Po	138d	天然	极毒
氡	Rn	86	^{220}Rn（钍射气）	55.6s	天然	
			^{222}Rn（镭射气）	3.82d	天然	
镭	Ra	88	^{226}Ra	1.60×10^3a	天然	极毒
钍	Th	90	^{232}Th	1.40×10^{10}a	天然	低毒
铀	U	92	^{234}U	2.44×10^5a	天然	极毒
			^{235}U	7.04×10^8a	天然	低毒
			^{238}U	4.47×10^9a	天然	低毒
钚	Pu	94	^{238}Pu	87.7a	主要是人工	极毒
			^{239}Pu	2.41×10^4a	人工	极毒
镅	Am	95	^{241}Am	4.32×10^2a	人工	极毒
锎	Cf	98	^{252}Cf	2.64a	人工	极毒

注：表中a为年，d为天，s为秒

16. 心脏起搏器的能源——钚

主要表现为心跳缓慢的房室传导阻滞是心律不齐常见的一种病症，严重时可出现完全性房室传导阻滞。当内科治疗无效时，只能借助于植入人工心脏起搏器来挽救病人的生命。人工心脏起搏器简称起搏器，它是由脉冲发生器和导线电极组成。放射性核素钚-238曾用作脉冲发生器主要部件的电源。这种用钽合金或铂合金做成的电源盒仅重160克，内含150mg钚-238。20世纪70年代后，锂电池的开发应用取代了钚-238电池，使内科医师可完成起搏器的安装，但钚-238起搏器的使用已挽救了许多人的生命，而且它在其他方面仍可用作为人造地球卫星上热电转换电池的燃料及海底作业工作服加热器的热源等。

钚是锕系放射性元素，迄今已发现15种钚的同位素，较常用的有钚-238、钚-239和钚-240。其中，钚-238是半衰期较长的能源，钚-239是核反应堆和核武器的重要燃料。核设施（核燃料加工厂、反应堆、核燃料后处理厂）意外、核武器试验事故、钚源运输事故等均可造成环境钚污染。

由钚释出的α粒子不能穿过皮肤，因此，钚只有在被咽下或吸入体内后才有危害。万一钚进入人体而又在体液中溶解，则一部分转移到骨骼和肝；吸入肺中而又不被溶解于体液的钚则留存在肺内。动物实验证明，可溶性钚（如硝酸钚等）主要诱发骨肉瘤和肝癌，而吸入难溶性钚（如二氧化钚等）时主要诱发肺癌。钚属于极毒组α放射性核素。但迄今为止，尚无钚致人体癌症的证据。

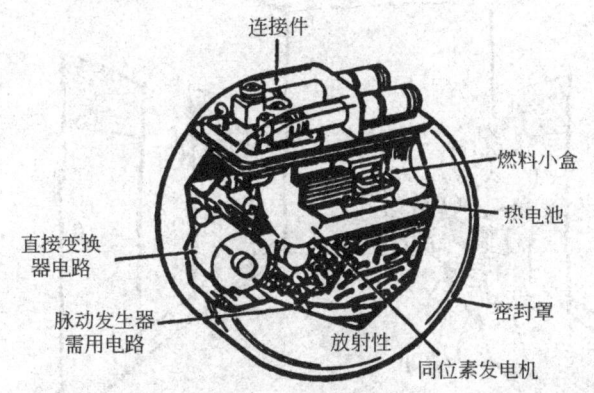

一台以钚-238作为能源的人工心脏起搏器剖视图，直径不到7.5厘米

核与辐射防护手册

17.火灾报警的卫士——镅

消防车呼啸而过,远处大楼浓烟滚滚。酿成大祸的大楼火灾屡见不鲜,给社会和公众的生命财产造成极大损失。为了防止和减少火灾所致的损失,最有效的措施是安置早期火灾报警装置。1890年第1台感温式火灾报警器问世,20世纪60年代初,采用放射性核素的离子感烟式火灾报警器投入市场,并得到广泛应用。在现代化的大楼的每个房间的天花板上都镶嵌着一个小茶杯大小的探测器,日夜监视着100～150米^{2}房间里的火情。它的原理就是,一旦出现火情,烟雾中的微粒进入到由镅-241 α粒子通过使空气分子电离而形成的电场中,导致离子电流明显减少,转换成报警信号。离子感烟式火灾报警器内的镅-241片或为不锈钢片的电镀膜,或为烧瓷法或粉末冶金法制成的薄片,牢固性

好，所含镅-241仅40~80千贝可。所以，只有在批发商品和回收废品的仓库才要注意辐射防护的问题。

镅-241除了制作火灾报警器部件外，还可于制造镅-铍中子源，用于低密度材料的γ探伤，用于医学检查的荧光扫描、骨密度测定及测厚仪等。镅-243则是用作超钚元素的原材料。

镅属锕系元素，有13种同位素，比较重要的有镅-241和镅-243。镅-241和镅-243发射α射线，并释放γ射线和低能X射线。可溶性镅化合物吸入后自肺部的清除速度快，而难溶性镅化合物吸入后自肺部的清除速度较为缓慢。吸收入血的镅主要滞留在骨骼和肝，其他器官组织中的滞留量少。摄入体内的镅主要损伤造血系统和呼吸系统。

房间中安装的放射性核素离子感烟式火灾报警器

18. 从发现天然放射性到制造原子弹——铀

1895年伦琴发现X射线后不久，另一位法国科学家贝可勒尔发现，放置于一块铀盐晶体下的、用黑纸包好的照相底片冲洗后在晶体的位置留下了显示曝光的灰色暗斑。以后的重复试验均证

明只要有铀的存在，就会出现类似的现象，贝可勒尔的发现揭示了天然放射性的存在。时隔43年，德国科学家哈恩验证了居里夫人等在分离超铀元素时发现的一种元素是钡，质量数相当于铀的一半稍多些，它是铀核受中子轰击后分裂的结果。伴有巨大能量释放的铀核分裂现象的发现开创了原子时代的新纪元。此后，链式反应的发现及高浓缩铀制备的成功，使1945年8月6日世界上第一颗实战用原子弹在广岛上空爆炸。

铀是锕系放射性元素，广泛分布于自然界，是核工业的重要原料。天然铀含铀-234、铀-235和铀-238三种放射性同位素，按质量计，依次占0.006%、0.714%和99.27%。若按放射性活度计，则天然铀中铀-234和铀-238，所占份额相近，各约为48.9%，而铀-235仅占2.2%。

用同位素分离技术可使铀中的铀-235的丰度高于其天然铀中的原有丰度，此过程称为铀的富集。低丰度的铀可用作核动力堆的燃料，而丰度高达90%以上的高浓铀可用作核武器装料，丰度20%以上的高浓铀也可用作核爆炸装置的燃料。天然铀经富集、提取核反应堆和核武器用的铀-235后剩余的副产品——贫铀，可作为穿甲弹芯体或γ射线的屏蔽材料。

天然铀要不断进行自发衰变，在衰变过程中产生一系列放射性子体，它们中能够对人体造成危害的主要有铀、镭、氡-222及其短寿命子体和钋-210。

吸收入血的铀可迅速地分布到各器官组织，早期肾脏中含量最高，骨骼次之，其后依次为肝、脾等。晚期骨骼中铀滞留量的比例明显升高。在核工业发展初期，由于天然铀大量释出致人体内污染的事件时有发生。在铀释出的同时，往往伴随有其他多种化学毒物和酸性烟雾，造成化学性烧伤和其他化学毒物的损伤。根据美国11个铀作业（冶炼、富集、核燃料装配等）工厂工人的流行病学调查结果，没有发现长期从事铀作业使工人的癌症死亡率增加。对我国5个铀工厂工人癌症病死率的调查，与对照相比，也没有显著差别。

19. 杀死癌细胞的一把刀子——放射性钴

放射治疗是癌症治疗的重要方法之一。目前常用的治疗机分为两种，分别释放出X射线和γ射线。钴治疗装置是属于释放出γ射线的治疗机，它所采用的放射源是钴-60，平时装在一个大铅包内，以防止γ射线对周围工作人员的照射。在实施治疗时，则将照射孔对准病人的受照部位，开启照射孔以达到照射的目的。已有的经验教训告诉人们，闲置废弃钴-60源的被窃或失控，以及正在运行中的钴-60辐照装置管理不善，常常导致人身受到超剂量照射而发生伤亡事件。

当一束γ射线从体外入射时，剂量分布会使入射途径上的非癌组织受到照射而限制了作用于癌组织的辐射剂量。γ刀的设计思路就是用经准直的许多细束的γ射线从四面八方瞄准癌细胞组织交叉照射，癌细胞受到许多束射线的照射，而健康细胞只经一

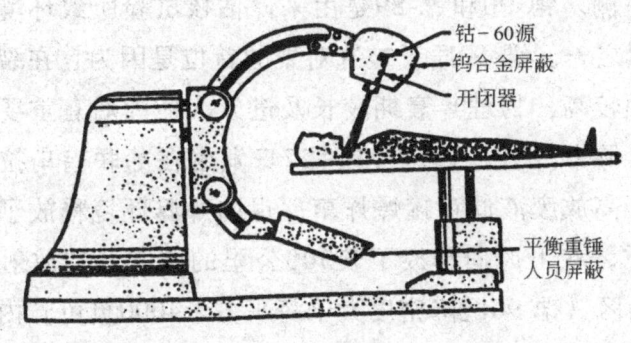

钴治疗机

束或少数几束射线的照射,达到了按照肿瘤的实际形状照射而杀死癌细胞的要求。

放射性钴是钴的放射性同位素的总称。钴一共有17个同位素,除钴-59为稳定性同位素外,其余均为放射性同位素。其中,主要的放射性核素有钴-60、钴-58和钴-56。

钴-60在工农业及医学领域应用极广,作为γ外照射源还可用于辐射育种、辐射保鲜、辐射消毒、辐射探伤等,也用于各种料位计、厚度计及集装箱检测。钴-56和钴-58是中子照射的活化产物,它作为示踪原子而用于医学和生物学领域。

20. 环境放射性污染的重要标志物——放射性锶

20世纪60年代和70年代初,美、苏两个核大国频繁地进行大气层核试验,向外界环境释放了大量的放射性物质。为评估这些放射性碎片对环境和人类的影响,有关各国在世界各地对核爆炸产生的裂变产物、核材料残留物及活化产物的沉降密度进行了监测。锶-90和锶-89是用来评估核试验所致环境污染的主要核素之一。锶-90居于被选对象的首位是因为它在裂变产物中的产额较高、物理半衰期较长及进入人体内后有重要的毒理学意义。除此以外,1957年9月27日发生在苏联南乌拉尔地区后处理厂高放废液储存罐爆炸事件也向外界环境释放了大量放射性物质,在下风向形成了长300公里的椭圆形的放射性沉降区,污染区(锶-90沉降密度大于每平方米4000贝可)内的人口达27万。

放射性锶同位素共有27个，其中有重要意义的是锶-85、锶-89和锶-90。锶属碱土金属元素，其化学性质和钙相似。放射性锶则是核爆炸或反应堆运行产生的主要裂变产物，反应堆运行和乏燃料（辐照后的燃料）后处理产生的放射性废物中含有较多的锶-90。

锶-90可作为β辐射源，在军事、科学研究及医学上均有重要用途。锶-89也用作β放射源。锶-85则是纯γ辐射源，是一种常用的示踪剂。吸收入血的放射性锶在体内的分布与钙类似，主要分布在含钙较多的组织（骨和牙齿）。动物实验证明，进入体内的放射性锶主要造成骨髓造血组织和骨骼的损伤，其随机性效应主要是骨组织肉瘤，其次为白血病。

21. 放射性锶-90的孪生兄弟——放射性铯-137

放射性铯在裂变产物中也有一定的份额，其中铯-137的物理半衰期与锶-90相近，外界环境中铯-137进入人体后易被吸收，均匀分布于全身；由于铯-137能释放γ射线，很容易在体外测出，故它不仅具有毒理学意义，而且具有环境中裂变产物已进入生物体的信号意义。因此，在核爆炸或者核事故所致的环境污染监测中，铯-137与锶-90如同孪生兄弟一样，受到人们的重视。

铯共有38个同位素，除铯-133为稳定同位素外，其余均为放射性同位素。其中，放射毒理学意义最大的是铯-137和铯-134，它们均为β、γ放射源。

铯属碱金属元素，其化学性质与钾相似。放射性铯是核爆炸和反应堆运行产生的主要裂变产物。在反应堆运行和乏燃料后处理产生的放射性废物中，放射性铯的比活度较高。其中，半衰期较长的铯-137是中低放和高放废物处置所关注的主要放射性核素之一。

铯-137可作为γ辐射源，曾用于辐射育种、辐照储存食品、医疗器械的杀菌、癌症的治疗及工业设备的γ探伤等。闲置废弃铯-137源的被窃或失控及铯-137辐照装置管理不善也可导致人身伤亡事件。由于铯源的半衰期较长及其性能易造成扩散的弱点，故近年来铯-137源已渐被钴-60源所取代。

进入体内的放射性铯与钾类似，表现为全身性相对均匀分布，主要滞留在全身软组织中，尤其是肌肉中，在骨和脂肪中浓度较低。较大量放射性铯摄入体内后可引起急、慢性损伤，急性损伤类似外照射急性放射病，出现骨髓损伤综合征；慢性损伤则表现阶段性造血系统损伤。

22. 核医学科常用的一种药剂——放射性碘

放射性碘已广泛地应用于核医学诊断，用于甲状腺、甲状腺癌转移灶或神经外胚层肿瘤的显像。但是，由于管理措施不到位，也发生过滥用和误服事件。在核医学治疗方面，除了用放射性碘化钠（碘-131）治疗甲状腺机能亢进和甲状腺癌外，还采用新的剂型，如用碘-131螯合的肝癌特异的抗原甲胎蛋白或碘-131油剂治疗肝癌。

在碘的放射性同位素中，碘-131和碘-125是毒性相对较大的放射性核素。进入血液中的放射性碘，约70%存在于血浆中，30%很快转移到体内各组织器官内，呈高度不均匀分布，

第一章 放射性基本知识

选择性地浓集于甲状腺，其浓度为血液中的几百倍至几千倍。所以，放射性碘对人体的危害主要表现为甲状腺辐射损伤。为治疗目的而摄入大量碘-131的病人中，有些发生了轻度（偶尔是重度）甲状腺炎。一些国家对医用碘-131的病人进行了长期的医学观察，研究医用碘-131能否引起甲状腺癌、白血病或其

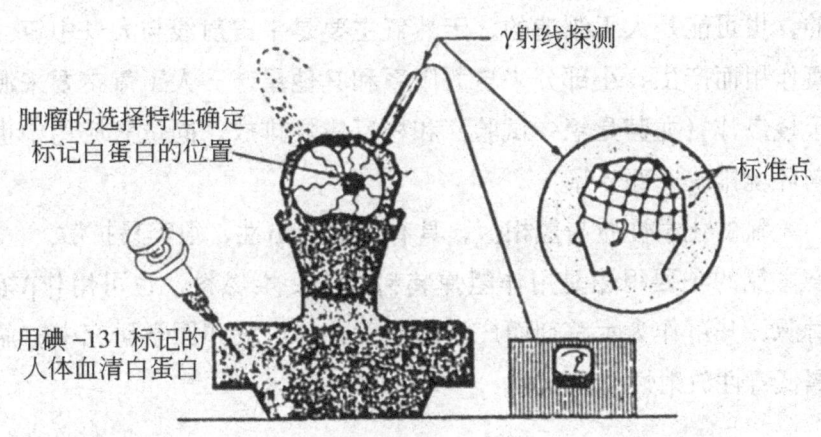

放射性碘用于脑瘤诊断

他部位癌症发病率或病死率的增高。总的来看，目前已有的研究资料尚不足以证明医用碘-131可造成病人远期全身特定部位肿瘤发生率或死亡率增高。

放射性碘是早期混合裂变产物中的主要成分之一，在核爆炸及反应堆事故时，它是早期污染环境的主要核素。核电站严重事故有可能向环境释放大量放射性碘，但近代核电站均有完善的安全设施，发生大量放射性碘排放的概率是很小的。美国三厘岛事故中反应堆元件熔化使大量放射性核素释放出来，但均滞留在安全壳内，只是因操作失误，导致小量放射性碘释放到环境中。

23.什么是氚

氚是纯β辐射放射性核素，发射能量低的软β射线，最大能量为18.6千电子伏。

环境（大气、水、土壤、动植物）中的氚可能是天然生成的，也可能是人工制造的。天然氚主要是宇宙射线与大气中氮、氧作用而产生，小部分来自太阳系和其他星球。人工氚主要来源于核爆炸（尤其是氢弹试验）和核反应堆排放。同位素应用中也向环境排放一部分氚。

氚的化学性质与氢相似，具有强的渗出性，很容易扩散。

氚的主要用途是用作氢弹装料和聚变堆燃料，也可用作β辐射源，并可作为示踪剂而广泛用于工业、农业和医学研究中。氚属低毒性放射性核素。

24. 辐射源、放射源和射线装置都能产生放射线吗

在日常生活中，人们可能经常听到辐射源、放射源和射线装置这样一些名称，但对这些名称的含义和彼此间的区别，多数人或许并不完全明白。

当我们把范围限制在电离辐射而不涉及非电离辐射时，辐射源是指能发射电离辐射的装置和物质的总称，换句话说，辐射源就是电离辐射的来源。一个装置，一个物体，一件东西，只要能发射出电离辐射，就可以把它称为辐射源。因此，像天然放射性物质、放射性核素制品、核反应堆、带电粒子加速器等都是辐射源。

放射源是指用放射性物质制成的、能产生电离辐射的物质或实体。很显然，放射源也属于辐射源。

不过，在核技术和放射性同位素应用中，习惯于把γ探伤、放射治疗及辐照处理用的高活度放射源称为辐射源。

射线装置是指能发射X、γ或中子射线的各种装置，但通常是指X射线机、加速器、中子发生器等装置。因此，反应堆和其他各种核设施都属于辐射源的范畴，但不在射线装置之列。

25. 什么是密封放射源、非密封放射源

密封放射源是指密封在包壳或紧密覆盖层里的放射源，该包

壳或覆盖层应具有足够的强度，使之在设计的使用条件或正常磨损下，不会有放射性物质散失出来。相对密封源而言，把不是密封的放射源称非密封源。

随着核技术应用的发展，放射源在工业、农业、医疗、科学和教育等领域得到了越来越广泛的应用，但也有不少放射源因丢失、被盗或非法转移等原因而失去控制，导致放射性事故、事件的发生。在我国，现有的放射源数量约有十几万枚，其中有相当数量的放射源因闲置不用而成为废放射源，另有部分放射源因失去控制而成为失控源。

目前，放射源的安全管理特别引起国内外的广泛关注。由于恐怖分子在非法获取放射源后很容易用它来制造放射性散布装置（如脏弹），因此，包括国际原子能机构在内的国际组织和各国政府纷纷采取强化放射源安全管理的措施，以防止放射源因被盗、丢失或非法交易造成放射性事故、事件的发生或落入恐怖分子手中。在我国，2004年也在全国范围开展了"清查放射源，让百姓放心"的专项行动。

26. 放射性标志与常见密封放射源的外观

国家有关法规、标准规定，所有放射性工作场所及放射源包装容器上都必须有放射性警示标志，如下图所示。遇有

当心电离辐射

当心电离辐射

放射性标志

这样的标志，表明该处有电离辐射存在，要尽可能避开。

　　目前使用的放射源已达近百种，各种放射源的实体大小、形状差异很大，包装容器也是形形色色，差异很大。常用的工业探伤用放射源形状和部分放射源的包装容器如下页图，常用的包装容器多为铅、铸铁、钢、塑料或石蜡等材料制成，形状多为球形或圆柱形。

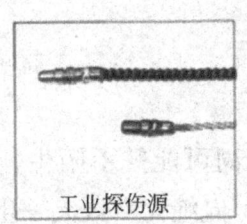

工业探伤源

工业探伤放射源

工业探伤源

可移动的 ^{137}Cs 放射源

常用的工业探伤用放射源

部分放射源包装容器

如果你无意中发现有无人管理的标有放射性标志的物体（如容器）或外观类似上述的放射源包装容器或放射源的物件，除尽可能远离它们外，还应及时报告当地环保和公安部门，请他们及时地加以鉴别和处理。

27.日常生活中会遇到放射性废物吗——什么是放射性废物

人们对"放射性废物"这一名词可能并不陌生，因为从报刊或电视广播中经常会看到或听到，但绝大多数人一生中也许都不会遇到或接触放射性废物，这是因为放射性废物的产生量并不大，而且有关部门对放射性废物实施了严格的管理。

所谓放射性废物是指含有放射性核素或为放射性核素所污染，且浓度或比活度高于审管部门规定的某一水平（低于该水平，可不受审管机构控制——意味着对环境和公众不产生辐射危害）、预期不会再被利用的废弃物。

放射性废物包括放射性废气、废水和固体废物。这些放射性废物主要来源于核设施。在城市，因核技术、放射性同位素应用（特别是医院）也会产生少量放射性废物，但它们的活度一般较低。

包括我国在内的世界各有关国家都对放射性废物从产生到最终处置（与人类生物圈安全隔离）实施全过程的严格的安全管理。放射性废气、废水都经过工艺处理、净化，达到国家标准后才排入环境；固体放射性废物最终要通过多重屏障隔离体系，使放射性核素在衰变到安全水平之前不进入人类生物圈。为此，对中低放固体废物采用近地面处置，而对长寿命α放射性废物和高放废物采用深地质处置。国际上有关高放废物处置技术的研究、开发表明，广大公众担心的核电发展过程产生的高放废物的最终安全处置是可以实现的。

已经采取的许可证制度、质量保证体系、安全评价与环境影响评价制度以及三废处理设施与主体工程的三同时制度等确保放射性废物的安全管理。

应注意防范恐怖分子利用放射性废物作为脏弹的材料。高、中放废液储存设施因其包容的放射性总活度高，潜在危险大，更应做好防范恐怖袭击的发生。

28. 正常情况下，人们一般受到哪些辐射照射

人们，无时无刻不受到自然界中始终存在的天然辐射的照射，某些人类实践活动或涉及辐射的事件、事故会导致向环境释放一定的放射性物质，使人们受到人工照射。

来自天然辐射的个人年有效剂量全球平均约为2.4毫希沃

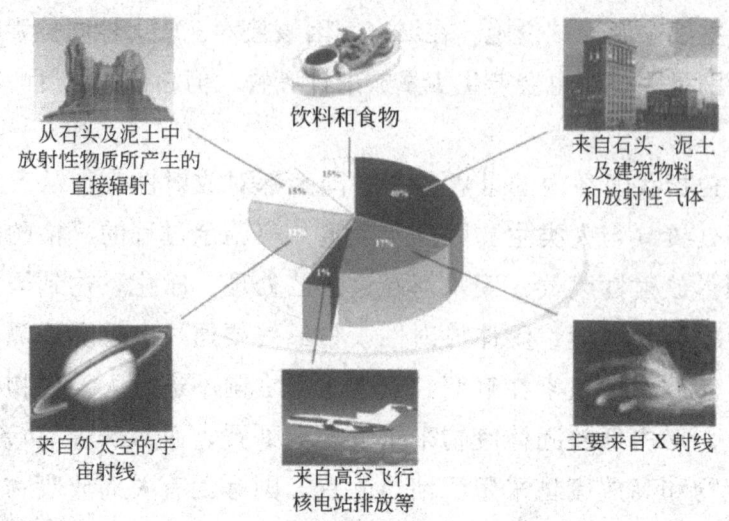

正常情况下人受到的辐射照射剂量

特（mSv），其中，来自宇宙射线的为0.4毫希沃特，来自地面γ射线的为0.5毫希沃特，吸入（主要是室内氡）产生的为1.2毫希沃特，食入为0.3毫希沃特。可以看出氡是最主要的照射来源。

不同地区，天然辐射剂量是不同的，个人剂量变化范围很大。全球各地天然照射水平通常可相差3倍左右，但在一些地方可以高出平均水平10倍，有时甚至达100倍，这出现在所谓的高天然本底辐射地区。在我国，各省、各地区的天然辐射剂量同样是差别很大。例如，广东、福建天然辐射剂量较高，而北京则较低，其中，某些高本底地区的天然γ剂量率比全国平均水平要高出2~10倍。

人类活动引起的辐射照射相对于天然辐照全球平均水平来说是很小的，主要来源于医学照射，全球平均个人因医学照射所致年有效剂量约为0.4毫希沃特。下表列出了各种来源造成的个人年均有效剂量。

各种来源造成的个人年均有效剂量

来源	世界范围个人年均有效剂量/毫希沃特	备注
天然本底照射	2.4	典型范围为1~10毫希沃特
宇宙射线	0.4	
地面γ射线	0.5	
内照射	0.3	
氡	1.2	
人工照射	0.4	
医疗照射	0.4	范围为0.4~1.0毫希沃特
大气核试验	0.005	已从1963年的0.15毫希沃特逐渐降低
切尔诺贝利事故	0.002	已从1986年的0.04毫希沃特（北半球平均值）逐渐下降
核能生产	0.0002	
总和	2.8	

29. 孕妇可以乘飞机吗——宇宙射线对空中飞行人员的照射

宇宙辐射随海拔高度增加而增加，尤其在海拔2000米以上更为明显，因此近年来对乘坐喷气飞机的机组人员和旅客受宇宙辐射的危害引起了各方面的关注。现代商务飞行的最佳飞行高度是13 000米左右。根据调查，在10 000米和12 000米两个高度上有效剂量率分别为每小时5微希沃特（μSv）和8微希沃特。少数的超音速飞机商务飞行和巡航高度在15 000米以上，有效剂量率一般在每小时10微希沃特左右，最大值约为每小时40微希沃

特。1988年联合国原子辐射效应科学委员会曾假定空勤人员典型的年飞行时间为800小时，估计年平均剂量为3000微希沃特。在我国，根据对国内、国际55条航线实际测量结果估算，每年飞行1000小时宇宙辐射所致的有效剂量中位值为4200微希沃特，最高值为11 000微希沃特（北京—斯德哥尔摩，北京—纽约）。当飞行高度低于8000米时，不论是高纬度或低纬度地区，每年飞行1000小时情况下空勤人员所受宇宙辐射剂量不会超过1000微希沃特，相当于公众年剂量限值的水平。短程航线的飞行高度一般不超过8000米。对商务飞行的旅客而言，所接受的有效剂量率是平均为每小时3微希沃特。

针对这种情况，可采取的控制措施有：①规定民用航空空勤人员在执行任务期间所受的宇宙辐射照射为职业照射，国家规定职业照射的年剂量限值为20 000微希沃特；②女性空勤人员从发现妊娠之日起到胎儿出生止，胎儿接受的宇宙辐射有效剂量不得超过1000微希沃特，它相当于公众照射的年剂量限值。国家规定女性工作人员发现自己怀孕后要及时通知用人单位，业主应调整此孕妇的工作，以达到上述要求。另外，已知公众照射年有效剂量限值是1000微希沃特，商务飞行每小时有效剂量是3微希沃特；所以，已怀孕的妇女偶尔参与空中旅行而接受的宇宙辐射剂量不会对孕妇本身及其胎儿造成不良影响。

30. 什么是职业照射，职业照射对工作人员所致剂量有多大，国家对职业照射有什么限制

人们除接受当地正常的天然本底辐射的照射外，还可能受

到另外三方面的照射，即职业照射、公众照射和医疗照射。

在人们所受的照射中，有些是不能通过管理对照射的大小或可能性进行控制的，如人体内钾-40产生的照射、地表宇宙射线产生的照射、原材料中存在的没有经过人工加工的一定浓度的放射性核素产生的照射，这些照射已被国家有关规定和标准所排除；有些由放射源产生的照射，它对个人或群体的辐射危险很低，以致对它们加以管理是不必要的，或在通常情况下对它们进行管理控制是不值得的，这些放射源也被国家有关规定和标准予以豁免；除了这些照射以外，工作人员在其工作过程中所受的所有照射均为职业照射，且这些照射一般属于可控制的。因此，来自天然本底辐射的照射一般不属于职业照射，但铀矿工人在工作时间所接受的天然辐射照射或飞机机组人员受到的宇宙射线的照射包括在职业照射范围。

联合国原子辐射效应科学委员会将引起职业照射的辐射源分为：核燃料循环、医学应用、工业应用、天然源、国防活动和其他六大类。1985~1989年世界范围内从事人工辐射应用工作而接受监测的工作人员年平均约为400万人；其中从事医学应用的约占55%，从事商用核燃料循环、辐射的工业应用和国防活动的分别约占22%、14%和10%；他们的年均有效剂量依次是0.40、2.88、0.92和0.64毫希沃特。除了铀开采以外，在20世纪80年代后期全球约有近千万工作人员受到的天然辐射源的照射超过平均本底水平，这些人员中约75%是煤矿工人，另外是非煤矿的地下矿工（约13%）、空勤人员（约5%）和其他人员（约6%），他们的年均有效剂量依次是0.9、6.0、3.0和小于1.0毫希沃特，平均是1.7毫希沃特。

国内20世纪90年代对职业照射监测的结果显示，不同行业员工所受的职业外照射平均年有效剂量（毫希沃特）依次是：地下有色金属开采——16.0，地质测井——6.9，同位素生产——5.1，地下煤矿——4.8，核燃料循环——3.5，工业应用——1.4，医用辐射——1.3，工业探伤——1.2，辐照加工——0.98，科研教学——0.90，加速器运行——0.41，油田测井——0.36，其他行业——2.1。有的行业若包括吸入内照射在内，受照剂量会有所增加，如核燃料循环可增至每年8.6毫希沃特。这些调查结果表明，在正常作业的条件下，不同行业职工的外照射剂量平均值明显低于该时期国家标准所规定的职业照射剂量限值（每年50毫希沃特），也低于2003年4月开始实施的标准每年20毫希沃特。受照人群中，部分人员受照剂量会稍高。在上述年份若干行业员工年剂量大于15毫希沃特的所占的比例是：同位素生产9.9%，核燃料循环5%，工业应用4.7%，工业探伤0.4%，医用辐射0.4%。

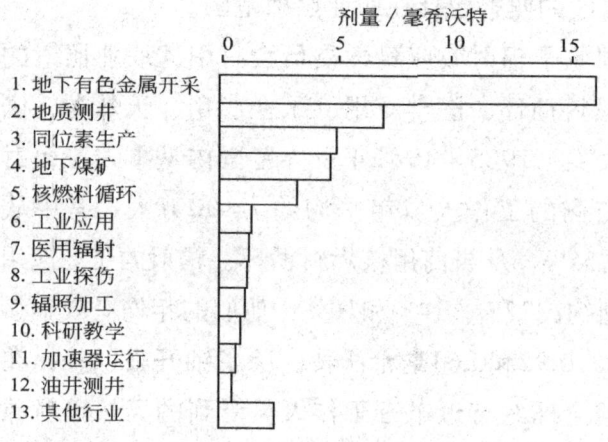

国内不同行业员工职业性外照射平均有效剂量（1999年）

31. 地下场所作业人员受到的辐射照射

从前面的介绍已经知道天然辐射是人类所受辐射照射的

主要来源,而天然辐射照射中主要是氡的照射。这就可以想像,在铀矿山、含铀或钍天然放射性的其他矿山(通常称放射性伴生矿,例如某些有色金属矿山、煤矿山,特别是某些石煤矿),以及含天然放射性的其他地下工作场所(如溶洞内),氡气浓度必然是高的,地下作业人员所受的氡照射需要特别关注。

对中国核工业所属厂、矿、院、所等单位职业性辐射照射的研究表明,铀矿工作人员所受人均剂量较之其他各类工作人员均大,而对剂量的主要贡献恰恰是氡的照射。近年来的研究成果进一步表明,我国某些有色金属矿山和铁路、公路隧道施工现场,以及地下溶洞氡浓度超过地下铀矿中氡气的平均浓度。在这些工作场所工作的作业人员可能会受到比较高的天然辐射照射。

因此,需要关注地下工作场所作业人员所受的辐射照射,通过改善工作条件(如加强通风)来减少他们所接受的剂量。

32. 生活在核电站周围安全吗——核电站周围居民受到的辐射照射

因为对核电站缺乏了解,加上受苏联发生的切尔诺贝利核电站事故阴影的长期影响,有些人谈"核"色变,觉得核电站不安全,甚至有无知的人把核电站比作原子弹。但是如果您有机会到核电站看一看,您一定会发现核电站是座花园式的工厂,环境优美,给人极大的安全感。

核电站在运行过程会产生少量放射性废物。其中,放射性废气、废水在排入环境之前要经过各种处理,使排放量尽可能降到最低(一般远低于国家规定的排放限值)。而且,废气、废水的排放要接受各级环保部门的严格监督,这就保证了核电站只有极

在大亚湾核电站草坪上休息的白鹭

少量的放射性物质排入环境，不会造成环境放射性水平发生可以觉察的变化（即用环境监测方法一般是测量不出来的）。

按照联合国原子辐射效应科学委员会的估计，全世界各核电站正常运行对周围公众产生的辐射剂量，与公众个人平均接受的天然本底照射剂量每年2.4毫希沃特相比是可以忽略的。我国目前运行的各核电站的情况也完全符合这一情形。例如，我国秦山核电站运行10年使附近居民受到的最大剂量为0.0046毫希沃特；而一次X射线胸部透视的剂量为0.5~1.0毫希沃特；每天吸20支烟的肺部剂量为0.5~1.0毫希沃特；宇宙射线的年剂量一般为0.3毫希沃特。

至于核电站事故，由于采取了很多安全措施，核电站发生严重事故的可能性是极小的，加上有安全壳可以包容从反应堆泄漏出来的放射性物质（苏联切尔诺贝利核电站没有安全壳），更提高了核电站的安全性。

33. 什么是医疗照射，不同诊治措施对患者会造成多大剂量的照射，为什么对医疗照射没有规定剂量限值

医疗照射是指因疾病诊治目的或各种健康查体的需要，接受含电离辐射的医学诊断或治疗中所受到的照射。知情但自愿帮助和安慰患者的人员（不包括施行诊断或治疗的执业医师和医技人员）所受的照射，以及生物医学研究计划中的志愿者所受的照射也称医疗照射。

根据20世纪90年代国内调查的结果，不同类型诊断性X射线

检查使受检者获得的有效剂量均值不同,透视剂量远比照相的剂量高。日本调查的不同类型计算机断层成像术(CT)检查而使受检者受到的有效剂量均值见下图,可见CT剂量比普通X射线检查大,诊断性核医学检查中服用放射性同位素也可使器官受到一定剂量的照射。典型的有效剂量水平是:脑检查7毫希沃特,骨检查4毫希沃特,其他器官(肺、肝、肾、甲状腺)检查1毫希沃特。当辐射用于治疗肿瘤时,为杀死肿瘤细胞,治疗用的剂量很大,远距治疗为50~100戈瑞,近距治疗为20~40戈瑞。此时剂量的大小主要取决于治疗的需要。近年来,介入放射学的发展也很快,每次平均有效剂量为7~22毫希沃特,对单个患者最高可达140毫希沃特,不仅可产生随机性效应,而且可能产生确定性效应。

1998年我国每千人由医疗照射所获得的有效剂量为663毫希沃特。其中,CT检查占64.8%,其他X射线检查占25.1%,放射

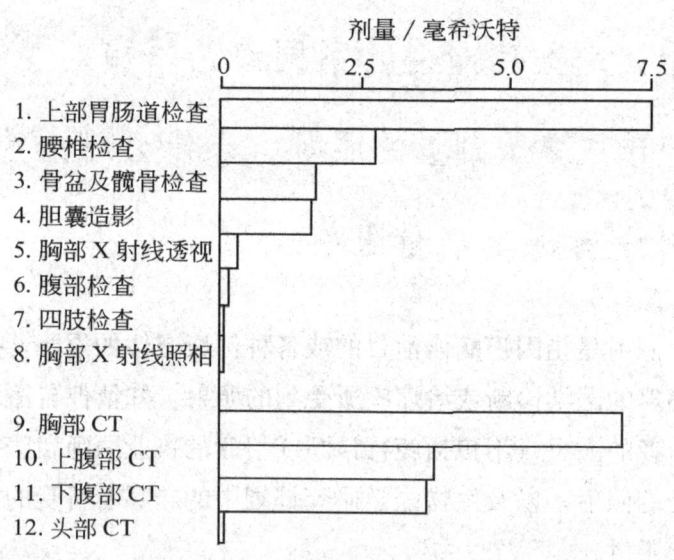

不同类型诊断性X射线检查受检者获得的有效剂量均值

治疗照射占9.5%，临床核医学检查占0.5%。

医疗照射不同于职业照射，受检者接受的辐射剂量大小决定于诊断、治疗的需要。因此，无剂量限值规定，仅给出"指导水平"用于约束放射诊断和核医学检查所致受检者剂量。此指导水平不是剂量限值，仅作为职业医师和医技人员的指南使用。当受检者剂量或服药活度超过相应指导水平时，应采取行动，优化照射条件，以确保获得必需的诊断信息同时尽量降低对受检者的剂量。反之，若显著低于相应的指导水平时，则照射不能提供有用的诊断信息和预期的医疗利益，也需采取纠正行动。

34. 在医疗照射中哪些问题需要引起注意

随着核科学技术、计算机技术与生物医学相互渗透与融合，促进了电离辐射医学应用的迅速发展。"九五"期间的调查表明，我国大陆地区有各种医用X射线机60 000余台，X射线CT装置约4000台，可用于活体生化显像的正电子发射计算机断层显像装置（PET）13台；用于放射治疗的电子加速器400多台，立体定向放射治疗设备（γ刀和X刀）100多台。以1998年为例，全国接受X射线诊断的达2.45亿人次，施行临床核医学检查的72.5万人次，接受放射性核素治疗的7.5万人次，给予远距离或近距离放射治疗的约50万例。因此，如何合理地使用医疗照射，做到既能发挥医疗照射的诊治效果，又能保证受检者和患者的安全，需要全社会的共同努力。

首先，医疗单位应配备性能完好的设备和相应资格的执业医师。

其次，有资格开具医疗照射检查申请单或治疗处方的执业

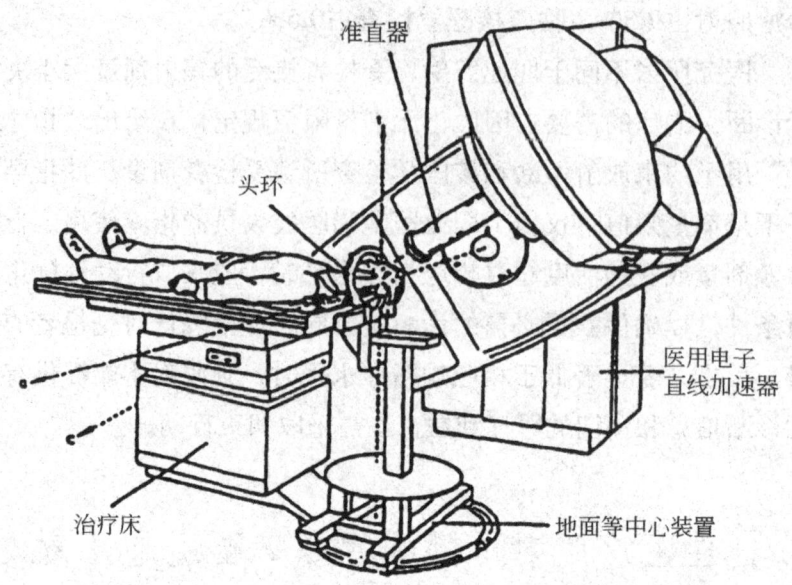

旋转式治疗机正在对病人照射治疗

医师应掌握好诊断性医疗照射的适应证,避免不必要的重复检查,避免使用X射线透视的方法进行筛选性普查,对于妇女和儿童的诊断性医疗照射更应慎重。对诊断性医疗照射,要参考指导水平来避免不必要的过量照射;对治疗性医疗照射,要求设计好治疗方案,保护好肿瘤周围的正常组织;在实施照射时,尽可能对辐射敏感的器官(如性腺、晶状体、乳腺和甲状腺)提供恰当的屏蔽。除非有明显的临床指征,怀孕或可能怀孕的妇女应避免服用放射性药物;哺乳的妇女服用放射性药物后,宜酌情停止喂乳,直至放射性药物经乳汁的分泌量不再影响到婴儿为止;接受放射性药物治疗的患者应在体内的放射性核素活度降至一定水平后才能出院。应防止发生潜在的事故性医疗照射(如病人受照剂量与处方剂量严重不符,或错发放射性药物的剂量等,从而导致不良后果)。

受检者应该了解医用辐射除了帮助确诊某一疾病外,还会给受检者带来由于辐射照射引起的危害，尤其是那些辐射剂量较大的检查，如躯干部CT检查、上部胃肠道检查及脊柱和骨盆检查。因此应根据主治医师正确的判断，按照适应证去接受诊断性医疗照射。尽量使用其他无损伤性诊断方法（如B超）或受照剂量更小的方法（如短寿命放射性碘代替碘-131）。除非确有必要，应尽量避免出于非医学因素，如就业、法律诉讼或健康保险，而接受诊断性医疗照射。

35. 什么是外照射，外照射途径是什么

由放射源或辐射发生装置（如粒子加速器）释出的贯穿辐射由体外作用于人体称为外照射，人体的受照剂量绝大部分来自主要方向的射线，很少部分来自其他方向的散射线。在向环境释放大量放射性物质的事故中，向下风向移动的放射性烟云以及已沉降于设备、建（构）筑物及地面表面上的放射性物质也可成为人体外照射的放射源。

人们每时每刻都受到天然本底辐射的照射。在生产、应用电离辐射源的过程中，工作人员除了受到天然本底照射外，还受到附加的职业照射。邻近生产、应用电离辐射源地区居住的或受人工放射性污染影响的公众，同样也受到天然本底照射以外的附加照射。在使用电离辐射源的医疗措施（如X射线检查、放射治疗）中，人们也会受到电离辐射外照射。一旦发生核与辐射事故或遭受涉及核与辐射的恐怖袭击，则可能导致较高水平的外照射。

36. 什么是内照射，内照射途径是什么

放射性物质经由空气吸入、食品食入，或经皮肤、伤口吸收并沉积在体内，在体内释出α粒子或β粒子对周围组织或器官造成照射，称为内照射。在正常作业或事故性释放时，放射性物质一般通过空气和水为途径进入周围环境，在环境中经不同的照射途径，包括食物链最终到达人体。进入外界环境中的放射性物质对人体的照射途径如下图所示。

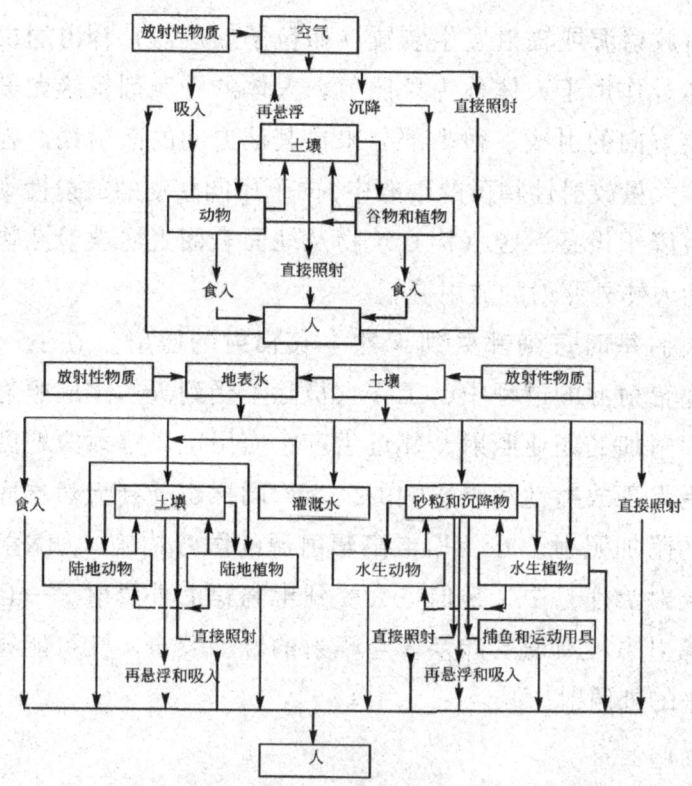

进入到外界环境中的放射性物质对人体的照射途径

经由空气和水两种途径使公众受到内照射时,不同环境介质(空气、地表水、地下水、牛奶、动物性食品、植物性食品、饲料等)对人体照射的相对重要性是不一样的。当氚污染环境时,对人体内照射最重要的环境介质是空气、牛奶、蔬菜和地表水;环境污染物是碘-131时,则可能是牛奶、蔬菜;混合裂变产物和活化产物污染环境时,最重要的环境介质可能是空气、蔬菜、鱼和水生贝壳类动物;超铀元素污染环境时,最重要的环境介质可能是空气、鱼和水生贝壳类动物。

第二章
电离辐射对人体健康的影响

37. 人类逐渐认识到放射性可能危及健康

电离辐射照射对人类的健康危害是在人类不断利用各种电离辐射源的过程中被认识的。1895年伦琴发现X射线后一年就有操作人员手部皮肤发生损伤的报道，以后发现这些损伤不但可以引起皮肤溃疡，最终还可导致皮肤癌。1898年居里夫妇又发现新的放射性元素——镭和钋，当时尚未认识到它对人体的伤害作用，没有采取任何防护措施，研究人员的手部和其他接触过放射性核素的皮肤，出现了长期不愈的灼伤。镭应用于发光涂料后，一批描绘表盘的女工除了接触作业场所镭的污染外，还因常用嘴唇舔吸含发光涂料的笔尖而摄入过量的镭，而出现下颌骨骨髓炎、其他骨病变（骨质疏松、骨坏死和骨折）和骨肉瘤。

此外，在16世纪已有"矿山病"的报道，约300年后知道这些矿工是死于肺部肿瘤。1924年首次提出了矿工肺癌的病因是吸入氡及其短寿命放射性子体。1939年报道，捷克矿工肺癌的死亡率为对照人群的28.7倍，推测可能与肺部受到放射性粉尘作用有关。在我国，20世纪60年代开始发现云南有个旧锡矿矿工肺癌人数不断增加，他们中绝大多数是早年在无机械通风的井下作业的童工，其主要病因是吸入矿井空气中的氡及其子体。

1945年8月发生在日本广岛、长崎的原子弹爆炸产生的巨大杀伤力给人类带来了新的阴影，对一大批幸存者远期效应的随访观察已经证明，白血病和其他部位的癌症发生率与原子弹爆炸所致的器官吸收剂量有关。此外，也发现一些受到较大剂量照射的

人群出现癌症发生率增大的危险。

在我国核技术应用的初期，于1954～1994年共发生辐射事故1281起，3393人受照。其中，有6起事故引起11名人员死亡，多数原因是辐照装置源管理失控。

38. 电离辐射的健康效应有哪些

1895年发现X射线及1896年发现天然放射性后，人们观察到一系列电离辐射对人体组织有危害作用。1939年核裂变的发现及其随后的应用极大地推动了电离辐射对生命物种（人类物种和非人类物种）影响效应的研究。

辐射照射所致的生物健康效应通常是由体内组织和器官中细胞的损伤引起的。在各种类型辐射诱发的细胞成分损伤中，最重要的是存在于脱氧核糖核酸（DNA）中的损伤。

DNA是哺乳动物细胞核中最重要的生命大分子。通过复制，DNA将遗传信息准确地传递给子代细胞；通过转录和翻译功能DNA可合成生命过程中需要的各种蛋白。电离辐射可以引起DNA的结构损伤(见下页图)，如果这种损伤能得到恢复，细胞功能就可能恢复正常；如果修复不成功、不完全或不正常，细胞可能死亡，或者发生遗传信息的改变和丢失。遗传信息的改变会引起遗传性缺陷，并在辐射诱发癌症中起重要作用。

就个体而论，电离辐射的健康效应分为两种：躯体效应和遗传效应。躯体效应是指发生在受照个体身上的损伤效应，遗传效应是指损伤发生在受照个体后代的一种效应。就发生机理而论，电离辐射的健康效应分为确定性效应和随机性效应。

按效应发生的时间，还可分为急性效应和远后效应，前者

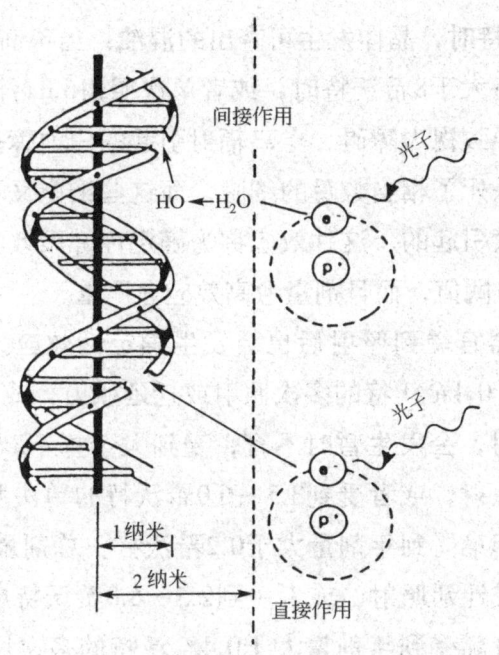

电离辐射击中DNA出现的链断裂

是指个体在短时间内接受相当大剂量后即刻或不久发生的损伤表现，后者则是指个体在短时间内接受一定辐射剂量后或长期过量慢性照射累积到一定剂量后经过较长时间（通常6个月以上，若干年甚至几十年）才表现出来的损伤。

39.从白内障谈起——什么是确定性健康效应

白内障是眼晶状体一部分或全部发生混浊的一种病变，严重时会明显影响视力。按照病因可分为先天性、老年性、损伤性和并发性（由其他眼病引起眼晶状体营养障碍）。电离辐射引起的白内障是属于损伤性白内障。当眼晶体受到每年大于0.1希沃特的分次照射或迁延照射、总剂量大于5希沃特时，或者单次照射

0.5~2.0希沃特时，晶体发生可查出的混浊；当年剂量大于0.15希沃特、总剂量大于8希沃特时，或者单次照射5.0希沃特时，可引起白内障，导致视力障碍。电离辐射引起的白内障是由于照射眼晶体组织后杀死了相当数量的细胞，而这些细胞又不能由活细胞的增殖来补偿引起的，这种效应称为确定性健康效应，它的特点是有某一剂量阈值，而且剂量愈高效应愈严重。

另一些器官受到照射后也会发生确定性效应。如睾丸受到年剂量率大于0.4希沃特的多次照射或迁延照射，或者受到0.15希沃特单次照射，会发生暂时不育，受到大于每年2希沃特的多次照射或迁延照射，或者受到3.5~6.0希沃特的单次照射，会发生永久不育；卵巢受到年剂量大于0.2希沃特、总剂量为6.0希沃特的多次照射或迁延照射，或者受到2.5~6.0希沃特单次照射，会导致不孕。骨髓受到年剂量大于0.4希沃特的多次照射或迁延照射，或者单次照射0.5希沃特，可引起造血功能低下。全身受到急性均匀照射而发生的急性放射病也属于确定性效应。全身吸收剂量为3~5戈瑞时，照后30~50天死亡，造成死亡的主要原因是骨髓损伤；5~15戈瑞时，照后10~20天死亡，主要死因是胃肠道及肺损伤；大于15戈瑞时，照后1~5天死亡，主要死因是神经系统损伤。

40. 从白血病谈起——什么是随机性健康效应

白血病是血细胞的恶性肿瘤，表现为白血病细胞在骨髓与其他造血组织中呈恶性、无限制地增生，浸润全身各组织和器官。此病是国内9种常见的恶性肿瘤之一，病死率很高。电离辐射可诱发恶性肿瘤，也可诱发白血病，使得受照人群此疾病的发病率

第二章 电离辐射对人体健康的影响

或死亡率比对照人群高。

从辐射防护角度，目前仍然假设辐射致癌发生的概率与剂量成正比，而其严重程度与剂量无关，并不因剂量大小使诱发的癌症有轻重之分，这种效应称为随机性健康效应。就个人而言，随机性效应就是一种"有"或"无"的效应。

因为电离辐射的能量沉积是一个随机过程，即使在剂量很小的情况下，也有可能在细胞内的关键部位沉积足够的能量，并导致细胞变异甚至细胞死亡。在大多数情况下，一个或少数细胞死亡对整个组织不会产生影响；然而，像发生癌肿这类变化，单一细胞变异却可能产生严重后果。在辐射防护领域所涉及的低剂量范围内，假设这种效应的发生不存在阈剂量。

随机性效应分两大类，第一类是躯体效应，发生在受照个体的体细胞内，并可能在受照者体内诱发癌症；第二类是遗传效应，发生在受照个体的生殖细胞内，并可引起受照者后裔的

疾患。

41. 辐射诱发癌症的危险有多大

目前，已被广泛研究的日本原爆幸存者和其他受照人群的大多数是在短时间内受到高剂量的照射。在这些人群中癌症发病率的观察结果表明，对高剂量和剂量率而言，照射剂量与癌症危险之间呈线性关系。

然而，在通常的条件下，人所受的辐射照射多数是长时间的低剂量照射。对这样的低水平照射的受照人群癌症发病率的研究并未提供有关剂量与癌症危险关系的任何直接证据，因为可以预计由于这样水平的辐射照射所引起的额外增加的癌症例数与此人群中癌症总例数相比是如此之小而难以测出。因此需要考虑辐射对细胞和机体效应的其他有关资料，并从剂量-危险关系的最可能形式做出判断。多年来，已为国际上接受的回答就是人们熟悉的"线性无阈"假设，即任何的辐射剂量均可引起损伤效应，而损伤效应的发生概率与剂量大小成线性关系。然而，有些放射生物学实验已经说明，由于细胞和机体对辐射引起的损伤具有足够的修复功能，故低剂量照射并未出现损伤效应；有的实验还指出，低剂量辐射可以刺激细胞的修复机制，它实际上有助于防止癌症发生。联合国原子辐射效应科学委员会（UNSCEAR）在2000年得出结论：癌症危险的增加正比于辐射剂量是与正在发展的认识相一致的，因而是对低剂量响应最具科学说服力的近似表示。UNSCEAR同时也声明"在所有情况下预期不会有严格的线性剂量响应关系"。

依据目前的资料，国际辐射防护委员会（ICPR）给出的辐射诱发的致死性癌症标称危险因子是5.0×10^{-2}/希沃特。该危险因子的含义是：如果一个人群接受的平均剂量是1希沃特，则该人群因辐射而增加的癌症危险是5×10^{-2}，即每100个人中可能有5个人诱发癌症。如果人群受到的平均剂量为1毫希沃特（即10^{-3}希沃特），则该人群诱发癌症的危险为5×10^{-2}/希沃特$\times 10^{-3}$希沃特$=5\times 10^{-5}$，即每10万人中可能有5人诱发癌症。

　　值得注意的是：ICRP推荐的标称危险因子是从辐射防护要求出发的，为了帮助计划防护和卫生资源的合理分配，而提出的对健康影响的粗略估计。这种预测是根据某些受照群体，如日本长崎和广岛原子弹爆炸后幸存者，得出的结果推算的。这种危险预测与人种、生活方式、环境本底和辐射剂量率等的关系尚待进一步研究。对于低水平辐射剂量照射引起的危险，假设条件的微小差异可导致预测结果很大的差别。因此，在进行这类预测时必须十分小心，特别是当附加剂量仅稍高于本底辐射时。希望以比较高的精度可靠地估算某一事件，如切尔诺贝利事故引起的致死癌症人数是不可能的。

42. 辐射诱发人类遗传效应还有待进一步证实

　　除了癌症以外，辐射引起的另一个随机性效应是遗传疾病，它是由于生殖细胞受照而使损害效应出现于受照者后代的一种效应，称为遗传效应。如同癌症一样，遗传疾病的发生概率取决于剂量，它的严重程度与剂量无关。产生精子的睾丸和产生卵细胞的卵巢受到照射会引起遗传性改变。电离辐射能诱发这些生殖细胞突变，它可在后代中引起有害的效应。生殖细胞中DNA结构的改变会导致突变的发生，并在后代的DNA中携带此遗传信息。遗传疾病的严重性是各种各样的，从早期胚胎死亡和严重的智力障碍到不太严重的骨骼异常和轻度的代谢紊乱。

1990年ICRP已经评估了一般人群受到低剂量和剂量率照射时出现在所有后代的严重遗传疾病的危险，其标称危险因子估计为1.0×10^{-2}/希沃特。但是，此危险因子的估计值带有很大的不确定性，尤其是遗传因素和环境因素相互作用的多因素疾病，人们对这些因素对疾病的影响还了解得很少。

2005年ICRP发布的危险因子估计值要低于早先的估计值，约为1990年估计值的1/5。但有关辐射诱发人类遗传效应的危险尚有待进一步研究和证实，尤其是对多因素疾病。

43. 孕妇受到辐射照射后会有什么后果

孕妇受到照射时还伴随着对胚胎或胎儿的照射，使受照者下一代的健康受到影响。胎儿受照的主要效应包括：①胚胎死亡，又称妊娠丢失，这种效应不会对社会增加什么负担，但是对受到影响的家庭来说是一件痛心的事；②畸形和其他的生长或结构改变，这是胎儿器官形成期照射效应的特点，在发育的各个阶段（尤其是妊娠后期）受照，还会发生非畸形的生长障碍；③智力迟钝，已知人的大脑受到较大剂量照射后其结构的发育会发生变化，并导致不同程度的智力受损，其严重程度随剂量而增高，直至认知功能严重迟钝。

曾对日本广岛、长崎两个城市原子弹爆炸时在子宫内受过照射的儿童严重智力迟钝的发生率做过观察，0～7周受照为0.4%，

8~15周受照为4.4%，16~25周受照为1.4%，大于或等于26周受照为0.7%。智力迟钝的发生率随受照剂量而增大，尤以受照剂量大于0.5戈瑞时更明显，小于0.01戈瑞为0.7%，0.01~0.49戈瑞为0.98%，0.50~0.90戈瑞为7.3%，大于或等于1.0戈瑞为46%。

用智力测验得分（智商，IQ）的方法证明，在最敏感的时期（妊娠第8~15周）子宫受照，每戈瑞照射可使出生的儿童平均智商下降30分，这种损伤效应的阈值是0.12~0.2戈瑞。此外，在上述人群中还观察到胎龄0~7周和8~15周时受照者儿童小头（以头围大小来衡量）的发生率随剂量增大而增加。

为此，国家标准对妇女怀孕后的防护特别关注，以保证胚胎和胎儿的健康发育。

44. 关注孕妇接受的医疗照射

根据估计，我国国民所受的电离辐射绝大部分（约93%）来自天然本底，其次来自诊断性医疗辐射（约4%）。随着我国国民经济的飞速发展，电离辐射的医学应用也更为普及；以1998年为例，全国平均X射线诊断频率比1996年上升5.3%，比20世纪80年代中期增加26%。

鉴于孕妇受照后辐射危害的特殊性，所以在我国电离辐射防护标准中对此特别关注，要求在开具放射学或核医学检查处方时，掌握好适应证，正确合理地使用诊断性医疗照射，避免不必要的重复检查；要求严格限制对育龄妇女进行X射线普查，如X射线透环、乳腺X射线摄影等；必须优先考虑非电离辐射的检查方法；尽量采用X射线摄影代替X射线透视检查。

除了临床上有充分理由证明需要进行的检查外，避免对怀孕或者可能怀孕的妇女施行会引起其腹部或骨盆受到照射的放射学检查；对有生育计划的育龄妇女进行腹部或骨盆部位X射线检查时，严格将此检查限制在月经来潮后的10天内进行；对月经过期的妇女，除有证据表明没有怀孕以外，均应当作孕妇看待；妇女妊娠早期，特别是妊娠8～15周时，原则上不进行X射线骨盆测量检查；孕妇分娩前不应进行常规的胸部X射线检查。周密安排有生育能力妇女的腹部或骨盆的任何诊断检查，以使可能存在的胚胎或胎儿所受到的剂量最小。对放射治疗，要求也相同。

在照射技术方面，要做好X射线的质量保证、选择最佳的投照条件或摄影条件的组合、限制照射野、对非检查部位采取有效的屏蔽防护、采用先进的技术和设备等。

在临床核医学方面，除有明显临床指征外，应避免让怀孕或者可能怀孕的妇女服用放射性核素；碘-131治疗甲状腺功能亢进的育龄妇女一般需经过6个月后方可怀孕。哺乳妇女服用了放射性药物后，应在一定时期内停止授乳，直到其体内放射性药物的分泌量不再给婴儿带来不可接受的剂量为止。

同样的精神也体现在职业照射方面。国家标准规定女性工作人员发觉自己怀孕后要及时通知用人单位。孕妇和授乳妇女应避免接触非密封的放射性物质；用人单位不得把怀孕作为拒绝女性工作人员继续工作的理由，用人单位有责任改善怀孕女性工作人员的工作条件，以保证为胚胎和胎儿提供与公众成员相同的防护水平。

45. 儿童受到辐射照射后会有什么后果

儿童时期生长活跃，辐射对某个组织或器官诱发的确定性损伤往往比成人时期具有更为严重的影响。儿童时期受照后出现确定性效应的例子包括对生长和发育的影响、激素缺乏、器官功能障碍，以及对智力和认识功能的影响。

为此，国家标准规定，年龄小于16周岁的人员不得接受职业照射。对于年龄为16~18岁接受涉及辐射照射就业培训的徒工和在学习过程中需要使用放射源的学生，应控制其职业照射不超过每年6毫希沃特。

46. 儿童接触医疗照射时应注意什么事项

在诊断性医疗照射的使用中青少年占有相当的比例。根

据20世纪90年代北京地区的调查，在X射线检查方面，0~15岁年龄组受检人次在所有年龄组受检人次中所占的百分数是5.4%~20%，0~15岁儿童接受放射治疗的人数在接受放射治疗的总人数中也有一定比例。在全世界范围内，1991~1996年期间Ⅰ级医疗保健水平的国家，全部医学X射线检查中，0~15岁青少年受检人数占总人数的平均比例为11%，牙科X射线检查比例为8%；而在Ⅱ级医疗保健水平的国家，上述二类检查的比例分别为20%和25%。中国内地的医疗保健水平在不同地区可为Ⅰ级~Ⅱ级。已知儿童对电离辐射的敏感性比成人大，故对儿童接触医疗照射时的防护问题需予以重视。

国家标准强调，对儿童施行放射学或核医学检查的正当性更应慎重进行判断。要求临床医师严格掌握适应证，优先考虑非电离辐射的检查方法；未经特殊允许，不得用儿童做X射线检查的示教和研究病例；除临床必需的X射线透视外，应对儿童采用X射线摄影检查。对身材较小、体位又不易控制的儿童应采取相应的防护措施；在儿童病房或婴儿室使用移动式X射线设备时，必须采取防护措施减少对周围儿童的照射，不允许将有用线束朝向其他儿童。

在操作方面要求认真选择并综合使用诊断设备的各项有关参数，使得受检者所受的照射是与可接受的图像质量和临床检查目的相一致的最低照射；要求对辐射敏感器官（性腺、晶状体、乳腺和甲状腺）提供恰当的屏蔽。

在核医学方面，要求根据受检儿童的体重、身体表面积或其他适用的准则减少放射性药物使用量，尽可能避免使用长半衰期的放射性核素。

47. 放射性可以测量吗，环境放射性怎么测量

放射性是可以测量的。自发现放射性现象以来，已经研究和开发各种各样的放射性测量方法（物理的、化学的或生物学的）和放射性测量仪表，不仅强放射性可以测量，低水平的放射性也可以测量到。

放射性测量，也称放射性监测或辐射测量。按监测对象不同，可将放射性监测区分为工作场所监测、环境监测、流出物（即排出流）排放监测和个人监测。

以环境放射性监测为例，环境放射性监测就是对环境中的放射性水平和环境介质、生物样品中的放射性浓度进行测量。

环境放射性水平的测量包括环境γ剂量和地面放射性污染的测量。对于环境辐射，可利用各种测量仪器，如高压电离室、热释光剂量计及各种γ剂量测量仪表或γ能谱仪，测量γ剂量率（单位时间的γ剂量）和γ累积剂量。对地面放射性污染，可以用表面污染测量仪测量。若是松散表面，如土壤，可以取样后在实验室中用物理或化学方法测量。有时也可采用擦拭法（如地面或墙壁）对擦拭样品进行测量。

环境介质（大气、气溶胶、水、土壤）和生物样品中放射性浓度的测量多数是先取样，并在对样品进行处理后通过物理或化学方法测定。

在出现核与辐射恐怖事件时，确定受影响区范围和环境辐射水平的大小是决定对工作人员和公众采取防护行动的基础，这就要求选用可靠、牢固、操作简便、价格低廉和指示明确的环境巡

测仪。

48. 个人受照剂量怎么测量

对个人接受的辐射照射的测量包括外照射剂量测量、体表污染的测量、体内污染量的测量等，可采用物理、化学或生物学方法进行。

对外照射剂量的测量，可佩带个人剂量计，包括热释光片、胶片及带报警装置的各种个人剂量计，既可测量剂量率，也可测定所接受的累积剂量。其中，热释光片和胶片需要送实验室用相关仪器测量，而直读式个人剂量计在现场就可以直接读数。

体表及衣服上放射性污染的测量可通过各种体表污染监测仪进行。

体内污染及内照射剂量的测量可通过尿、血中的放射性含量的分析，再通过内照射剂量估算模式确定内照射剂量；还可直接通过全身计数器直接测定体内放射性核素的分布。

通过生物剂量测量方法（如常规的染色体及微核测定方法）可以推算人体的受照剂量。目前已开发出快速的生物剂量测量方法。

通过对所处环境γ辐射水平及环境介质中放射性核素浓度的测定，结合使用内外照射剂量估算模式，可以确定个人所受内外照射剂量。例如：测定所处环境γ剂量分布，结合停留时间可以知道γ外照射剂量大小；测定空气中放射性核素浓度，结合吸入污染空气的体积，可以计算吸入内照射剂量大小。同样，知道饮水和食品中放射性核素浓度及食入的污染水和食品的数量，可以确定食入内照射剂量。

在处置核与辐射恐怖事件的应急响应中，个人受照剂量监测是十分重要的，尤其是最早到达现场的人员的个人剂量监测，应提供大量简单、可靠且能直接读数和报警的个人剂量仪。对个人来说，则应建立自我保护意识，主动接受个人剂量的测量。

49. 怎么知道体内已受到放射性污染

对人体内放射性污染的监测主要借助于对个人监测的直接评估，有时可通过工作场所或环境的监测来判断。个人体内污染量的监测方法一般分为体外直接测量和生物样品（主要是排泄物）分析。

固定式或车载式体外测量装置可用于测量沉积在全身、肺部或甲状腺内的放射性核素。测量前应仔细洗浴，更换上干净的衣服，避免对测量结果的影响；从测量时获得的体内放射性污染程度可以推算出最初经食入或吸入途径进入人体内的放射性核素的活度。

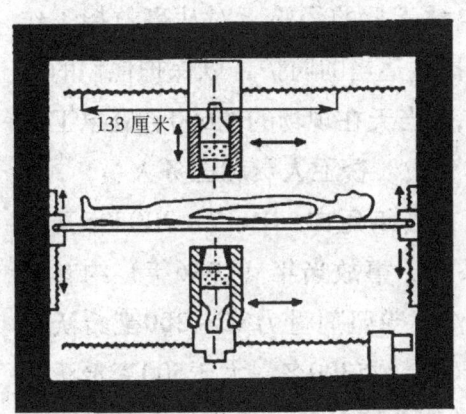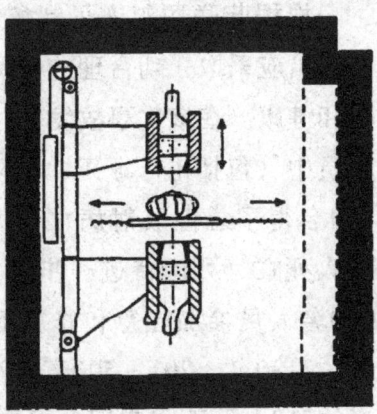

卧式全身计数器正在测量受检者

生物样品包括尿、粪、血液、呼出气、鼻拭物、唾液和汗，但通常是尿和粪样。为估计意外摄入放射性物质的量，通常采用粪样分析法。早期粪样的监测结果有助于判断人员是否受到体内放射性污染，尤其是最初几天逐日粪样排出的放射性活度监测的结果更有用。尿样放射性活度异常增高则证明摄入体内的放射性核素已吸收入体液中。多数情况下宜收集24小时全尿，有时还由于测量方法灵敏度所限而需要分析几天合并的尿样。粪样和尿样的收集过程均须避免附加的污染，出现假阳性结果。

在进入污染场所时若有条件可佩戴个人空气采样器，直接估计佩带者的放射性核素吸入量。场所表面污染水平的增高是人员处于暴露危险的一个信号，但不能用于直接估计个人体内污染量。

50. 对应急响应工作人员受照剂量的控制有哪些规定

根据苏联切尔诺贝利核电站事故的经验，对从事救援工作的人员应采取一切合理的步骤提供适当的防护，以保护他们的安全和健康。在该次事故发生时，当天在现场的约600名应急工作人员中（包括电厂职工、消防人员、警卫人员和医务人员），有134名得了急性放射病，28人在当年死亡。1987～2004年又有19人死亡（死因待进一步确认）。事故当年（1986年）约有25 000名人员参加应急和修复工作，受照剂量为51～200毫希沃特者约7180名，201～500毫希沃特者约5300名，大于500毫希沃特者约710名。而国家标准规定的职业照射单一年份最大剂量限值是50毫希沃特。因此，对应急响应和从事干预工作人员的防护应予以重视。

国家标准规定从事非紧急情况的应急干预工作和恢复工作，工作人员所受的照射剂量不得超过50毫希沃特；在为避免大的集体剂量和防止演变成灾难性情况下，应尽一切合理的努力，使工作人员所受的剂量保持在100毫希沃特以下；对于抢救生命的活动，应尽各种努力，将工作人员的受照剂量保持在500毫希沃特以下，以减少确定性健康效应的发生；此外，当采取行动的工作人员的受照剂量可能达到或超过500毫希沃特时，只有在行动给他人带来的利益明显大于工作人员本人所承受的危险时，才应采取行动；在可能超过50毫希沃特时，要告知工作人员本人；采取自愿的原则，事先给予培训，做好剂量记录和评价。

第三章
核与辐射突发事件的特征与可能后果

51. 恐怖分子可能通过什么途径制造核与辐射恐怖事件

恐怖分子一般可能通过下列三种途径制造核与辐射恐怖事件：

1）直接散布放射性物质或使用放射性散布装置

直接散布放射性物质，指直接将容易扩散的放射性物质散布到水源、空气或食物中。而使用放射性散布装置是指常规炸药与放射性物质相结合的一种爆炸装置，通过常规炸药的爆炸使放射性物质广泛散布开，这种放射性装置也称肮脏炸弹或简称脏弹。

2）攻击破坏核设施或核活动

核设施（如核电站、研究堆等）或重要核活动（如放射性物质运输）一般都包含有较大量放射性物质，可成为恐怖分子袭击的对象。从地面或空中对核设施或核活动实施攻击，使包容在设施或容器内的放射性物质向环境释放。

3）爆炸粗糙的核武器

由于核武器的保安与控制严格，恐怖分子获得核武器的可能性极小，实施爆炸也很困难，但恐怖分子有可能通过非法手段（偷盗或进行非法交易）获得核材料用以制造较低威力的粗糙核武器——也称临时制作的核武器。

上述三种途径中，直接散布放射性物质或使用放射性散布装置是恐怖分子比较容易实施的途径。

52. 核与辐射恐怖事件的主要危害是什么

核与辐射恐怖事件的主要危害一般来自放射性物质在环境中的弥散，它将造成环境（大气、水、地面、生态系统）的放射性污染，对公众产生辐射照射。这种照射可以是放射性物质的直接外照射（包括空气中放射性物质、地面沉积的放射性物质以及皮肤、衣服上的放射性物质的照射），也可以是通过吸入污染的空气或食入污染的水与食物引起的内照射。辐射照射对人体的危害（即其生物效应大小）将因人所受剂量大小而异。十分低的剂量下不会有急性效应发生。在强化人群不是很大的情况下，也观察不到癌症发病率增加这样的健康效应。随着受照剂量增大，受照人数增加，癌症发病率会有所增加。只有在剂量较高时，才可能出现某些急性的健康效应,在高剂量情况下可能导致急性放射病甚至死亡。

核与辐射恐怖事件带来的另一危害是造成重大的经济损失,不仅是在对恐怖事件的响应过程中,而且包括事件后的环境整治、去污、恢复等过程。

核与辐射恐怖事件需要特别关注的另一主要危害是会造成严重的心理社会影响。由于放射性的极度敏感性,往往可能导致公众心理影响造成的伤害比辐射对人体的伤害要严重得多。已发生的某些影响较大的核与辐射事故都说明了这点。

53. 什么是放射性散布装置

把恐怖分子设计和制作的、通过常规爆炸或其他非核手段散布放射性物质的装置称为放射性散布装置。将常规炸药和放射性物质相结合的爆炸装置——脏弹是恐怖分子比较容易采用的放射性散布装置。也存在用其他机制来散布放射性物质的放射性散布装置,如在公共场所打开包容有易挥发或粉末状放射性物质或放射性气体的密封容器,使容器中的放射性物质迅速释放到大气环境。

由于恐怖分子可能通过非法手段获取核材料、放射源或其他放射性物质,因此,使用放射性散布装置制造恐怖事件成为恐怖分子最有可能采取的手段。而且,为了制造恐怖效果,恐怖分子有可能选择城市的公共场所(车站、广场、大商场、娱乐场所等)作案,以造成人心恐慌和社会混乱。

一般说,利用放射性散布装置制造核与辐射恐怖事件,可能造成的人员伤亡情况相对要轻一些,其不可低估的严重后果是会造成极坏的公众心理社会影响。

54.放射性散布事件的特征和后果是什么

放射性散布事件是最可能发生的核与辐射恐怖事件。为了便于理解，可以把放射性散布事件分为两大类：涉及小放射源（少量放射性物质）且一般影响范围很小的散布事件（一般称局部弥散的放射性散布事件），以及涉及大量放射性物质弥散且影响范围很大的散布事件（一般称广泛弥散的放射性散布事件）。

为制造局部弥散的散布事件，可能需要使用一个或几个低活度（即放射性含量小）的放射源。使用的放射源（或放射性物质）可能包装在小药瓶、鞋盒、行李箱或其他容器中，散布方式可以是徒步、骑自行车、驾驶摩托车或汽车，可能散布在大气中、地面上，也可能投入水库、河流或其他水源中。

使用局部弥散源的放射性散布事件因释放的放射性物质数量较小，估计对个人的辐射照射不大（但也不能大意，要特别注意防范经吸入或食入造成的内照射）。恐怖分子制造这类散布事件的主要目的是制造社会恐慌，扰乱社会秩序，对这类事件的防范与处置应特别注意这一问题。

广泛弥散的放射性散布事件因使用较大量放射性物质，从而可使放射性物质广泛散布而造成较大范围的影响。含较大量放射性物质和常规炸药的脏弹就是一种广泛弥散的放射源。

恐怖分子制造广泛弥散的放射性散布事件，其企图是制造更大范围的恐怖影响，伤害更多的人。但这种恐怖事件的后果取决于所含的放射性物质的数量、常规炸药的爆炸威胁及天气条件等。一般来说，其辐射后果仍然是有限的，但也不排除使用强的危险放射源的脏弹爆炸会对某些公众造成辐射损伤，甚至短期内死亡或长期的辐射影响（例如癌发病率增加）。不过，需要特别关注的仍然是因核与辐射敏感性在较密集人群中造成的严重的心理恐慌、不安等心理社会影响。

55. 警惕危险放射源的危害——放射源分类

放射源正被广泛地用于工业、农业、医疗和科研教育等方面。当放射源的安全和保安得到有效、可靠的管理时，其对工作人员或公众基本不产生辐射危害；而放射源如果得不到恰当的管理，如出现事故情况、恶意使用或源丢失或被偷盗等，则可能导致对人的辐射危害，引起程度不同的确定性健康效应。

放射源可能产生的辐射危害，与所使用的放射性核素、物理与化学形态，以及放射性活度大小密切相关。高活度的放射源短期内会对人体产生严重的确定性效应，低活度的放射源则不会产生这种效应。因此，对放射源进行分类，实施分类管理是十分必要的。

目前，国际上普遍采用IAEA推荐的放射源分类体系，将放射源按其可能导致的确定性健康效应的情况区分为5类：

Ⅰ类源，为极度危险源。如果这类源没有处于安全管理或可靠保安的状态下，可能对操作或接触这类源超过几分钟的人员造成永久性损伤；接近没有屏蔽的这类源几分钟至1小时的人员可能受到致命性伤害。放射性同位素热电发生器、辐照装置、远程放射治疗仪以及伽玛刀等使用的放射源属Ⅰ类放射源。

Ⅱ类源，为非常危险源。如果这类源没有处于安全管理或可靠保安的状态下，可能对操作或接触这类源超过几分钟至几小时

　　的人员造成永久性损伤；接近没有屏蔽的这类源超过几分钟至几小时的人员可能受到致命性伤害。工业放射照相和高中剂量率短距放射治疗仪，其使用的放射源属Ⅱ类放射源。

　　Ⅲ类源，为危险源。如果这类源没有处于安全管理或可靠保安的状态下，可能对操作或接触这类源超过数小时的人员造成永久性损伤；接近没有屏蔽的这类源达几天至几周的人员，可能受到致命性伤害（尽管不太可能）。固定工业测量仪（例如物位计、挖泥机测量仪、传送带测量仪）和测井测量仪等使用的放射源属Ⅲ类放射源。

　　Ⅳ类源，为轻度危险源。这类源几乎不可能对任何人造成永久性损伤。但如果这类源没有处于安全管理或可靠保安状态下，对操作或接近没有屏蔽的这类源达几周的人员或许可能造成暂时性损伤。低剂量率短距放射治疗仪、厚度/料位测量仪、湿度/密度测量仪、骨密度仪等使用的放射源属Ⅳ类放射源。

Ⅴ类源，为没有损伤危险的放射源。这类源不会对任何人造成永久性损伤。低剂量率短距放射治疗仪（永久植入源）、X射线荧光分析仪、正电子发射断层摄影术（PET）检查仪、电子俘获探测器、穆斯堡尔谱仪等使用的放射源属Ⅴ类放射源。

上述5类源中，需要特别关注的是Ⅰ、Ⅱ、Ⅲ类放射源。如果它们失去控制，都可能导致严重确定性效应的辐射危险，所以将这3类放射源统称为危险放射源。一定要做好危险放射源的安全和保安管理，防止出现辐射事故，防止丢失、被盗或被恶意使用。

56. 防止危险放射源落入恐怖分子手中——放射源的保安

恐怖分子最可能采取、也比较容易实施的核与辐射恐怖袭击活动是爆炸用放射源（特别是危险放射源）制作的放射性物质散布装置（即脏弹）。因此，确保放射源安全，防止放射源丢失、被盗或擅自转移，防止危险放射源落入恐怖分子手中，是十分重要的，这也正是放射源保安的主要任务。

放射源保安与放射源安全有不同的含义，放射源安全是指采取措施尽最大可能减少放射源事故的发生，并在事故发生后减轻其事故后果（主要指辐射后果）。放射源保安则指放射源自身的安全与防护措施，即采取措施防止擅自接触或破坏放射源以及防止放射源丢失、被盗或擅自转移。可见，做好放射源的保安，防止放射源被破坏或丢失、被盗、擅自转移，不仅直接对防止放射源事故发生及造成辐射后果具有重要意义，而且从防恐角度也是防范恐怖分子实施核与辐射恐怖的重要防范措施。因此，

该工作受到了国际上的广泛关注和高度重视。国际原子能机构（IAEA）等国际组织多次组织国际会议，专门讨论如何加强放射源的保安。IAEA还先后颁布了"放射源安全和保安行为准则"和"放射源的进口和出口导则"。为了确实做好放射源（特别是危险放射源）的保安，除了应建立、完善放射源管理的相关法规标准、加强对放射源监督管理，以及采取防止放射源丢失、被盗、非法转移的技术防范措施外，国际上还特别强调重视和做好有关放射源保安的若干重要方面的工作，包括加强对放射源全寿期（即从生产开始到销售、使用、报废和最终安全处置）的连续、有效控制，强化对失控放射源的搜寻和重新控制、报废放射源的安全管理与处置、放射源进口和出口管理，以及努力建立无用源或废源返回生产、销售厂商统一处理处置等。

57.无知酿成悲剧——巴西戈亚尼亚铯源事故

放射源丢失事故在世界各地都曾发生过。一旦这些放射源流入民间，而且到处扩散，将可能造成人员伤亡、环境污染等严重后果，巴西戈亚尼亚铯源事故就是一例。

1987年9月，巴西戈亚尼亚市两名居民在一家私立放射治疗机构的存放废弃的一台铯-137放射治疗机的旧房中，想寻找可以变卖的废旧物品，而将该放射治疗机机头上的放射源容器窃回家中，并将其拆开。源壳内易溶解的放射性氯化铯部分漏出，造成住所的污染。后来又将放射源容器卖给了废品收购店，在随后的几天里，店主的一些亲友和邻居纷纷前来观看源物质在暗处发出蓝光的这一奇怪现象。店主还将谷粒大小的源碎片分发给几位朋友，他们将其装入口袋、放在床上或涂在身上。几天后，这些人

开始出身胃肠道症状。当一位病人带着源碎片到医院看病时，恰有一位医学物理专家参加皮肤损伤的会诊，才怀疑是放射性导致的皮肤损伤。经过对病人的跟踪和测量，最后才找到放射源。这次事件造成了7个主要污染区、85处房屋被污染，按防护标准，41间民居中200人需要搬离。

在确定为严重放射事故后，从巴西各地赶来的物理人员和医生，将当地奥林匹克运动场作为受污染人员的集中点，第一批可疑人员中有20人被确定需要住院治疗，估计他们的受照剂量可达重度急性放射病的水平。

发现事故后的当晚，种种流言开始传播。许多人出现急性焦虑和心理紧张，有11万多人涌到体育馆或其他医疗机构要求进行医学检查。许多人去奥林匹克运动场监测站，要求检查是否受放射性污染并给予证明，以作为参与正常社交活动的凭证。在排队候检的人群中，恐惧深深地笼罩在每个人的心头，有人因忧虑和恐惧而晕倒在地，更多的人诉说有腹泻和呕吐等症状。在接受检查的11.2万人中，实际只有249人被确认受到照射（占0.2%），其中有121人的体内受放射性铯污染，54人需要住院治疗，而受照剂量较大的只有12人，其中4人抢救无效而死亡。

在成千上万要求做医学检查人员中，绝大部分是由于心理影响造成的各种症状，这种心理影响在灾后相当长的一段时期内难以恢复。此外，社会歧视问题在巴西这起事故中表现得最为突出，戈亚尼亚市的居民在事件发生后较长一段时间内，仍然受到来自各方面的歧视。新闻媒介的渲染加重了公众对事件的关注，人群中出现了"射线恐怖"。其他地区的旅店拒绝戈亚尼亚市居民入住，有些航空公司的飞行员拒绝驾驶有该地区居民乘坐的飞机，挂有该地区牌照的汽车在其他地区遭到石块的袭击。由于事故的影响，该州的主要农产品（牛、谷物等）的销售量减少了1/4。

在去污工作中收集到的放射性废物共用了38 000个工业用圆桶（100升/桶）、1400个铁箱（1.2米^3/箱）、10个集装箱（32米^3/箱）和6个水泥井。这些容器先存放在临时库址，1999年移至面积共为1.6公里^{2}的两处永久性放射性废物库，形成两个小丘，覆土造林，划为环境保护区，进行放射生态学监测。

这起事件说明废放射源的管理多么重要，公众对废放射源应有的警惕性多么重要。

58. 废源管理失控闯下大祸——国内两起钴源事故

放射源丢失事故在我国也时有发生，1954~1998年发生的放射源丢失事故多达944起，因丢失放射源造成多人受照和人员死亡的重大事故有几十起。例如，1963年合肥市某农学院钴-60放射源被盗事故和1992年山西忻州钴-60放射源丢失事故。

1963年1月11日午后2时许，安徽合肥一所农学院的放置于室外无人看管的用于辐照种子用的一枚钴-60放射源被一名18岁青年将铅容器的栓子拔下后取出，置于左侧衣袋内带回家中。家中共5人（母、兄、妹、弟及该青年）分居两室。当日午后4时许，此青年开始全身不适，恶心呕吐。当晚约10时其叔来访，弟去另一室，叔与该青年及其兄共居一室。窃源的青年于次日症状加重不能起床，到第3天晚8时因左腹部皮肤疼痛才将源自衣袋内取出放于床头针线框内。第9天入当地医院治疗，但因病情重（胃肠型急性放射病），救治无效于23日午后在当地医院死亡。

1月18日（源丢失后第7天）该农学院发现钴源丢失，在当地驻军协助下，终于在20日中午在该青年母亲居室放置的针线框内找到。由于放射源找到，病因明确，家中另5名受照者于23日和25日分两批转院到北京。但其弟因病情也严重，虽转送专科医院治疗，也于24日清晨不治而亡。肇事者的母兄两人病情为重度急性放射病，其妹和叔的病情分别为中度和轻度急性放射病。这是在我国第一起造成人员伤亡的放射源事故。

1992年12月17日，一名来自山西姓张的女患者在北京大学人民医院进行专家会诊，根据染色体的检查结果，怀疑为放射病或中毒性疾病。仔细询问后获悉张的丈夫已于20天前死亡，他在太原住院时曾从衣袋里掉出一个金属球（后被确认为钴-60放射体），被人捡起，不知放到何处。后经多方寻找，才将放射源找回。

这枚钴-60放射源是1973年由山西省忻州地区科委购进，后因单位变迁，管理不善，致使这枚放射源滞留在储源水池中，失去控制。

1992年11月9日上午9时该张姓女患者的丈夫作为雇工挖掘扩建工程的地基时捡到一个金属球并装入口袋内，2小时后开始感到头晕、恶心、呕吐，不能继续劳动。下午到医院就诊并住院治疗，于12月2日因病情恶化而死亡。陪同他的兄弟在第4天也出现相同的症状而住院，并于12月7日医治无效死亡。其父在两个儿子住院期间一直陪同在身旁，也相继发病，于12月10日死亡。其妻张某也曾短时间陪同过，不久便出现恶心、呕吐，已怀孕5个月的她也卧病在床。家中停放的三具尸体无人帮忙安葬，亲友邻居无人敢来探望，加上各种迷信和谣言，使得她在忍受病痛折磨的同时，内心也承受极大的压力。

在短短的一个月内，张家一家4口人由发病到3人不明其因

的死亡,与张的丈夫同室的其他病人及其亲属也有不同程度的恶心、呕吐症状出现。在张家附近所在的南关区,闹得人心惶惶。

在放射源未找到前,张家附近甚至较远地区的有些人在忧郁和压抑中度日,成天担心可怕的"瘟疫"会降临到自己的家中,正常的工作和生活被打乱,工农业生产和商业活动也受到极大的影响。直到放射源找回,真相大白后,人们的精神状态才慢慢恢复过来。

国家环保总局、公安部、卫生部2004年联合实施了一项"清查放射源、让百姓放心"的专项行动,行动目标之一是实行放射源身份证管理制度,一个放射源一个编号,避免失控。

59. 什么是核材料

国际原子能机构将任何源材料或特种可裂变材料称为核材料。

源材料主要包括:天然铀、贫化铀、钍及含上述任何物质的金属、合金、化合物或浓缩物的材料。

特种可裂变材料主要包括:钚-239(^{239}Pu)、铀-233(^{233}U)、含有富集同位素235(^{235}U)的铀。所谓富集,是指^{235}U的丰度与同位素铀-238的丰度比大于天然铀中同位素235与同位素238的丰度比。

天然铀是指从铀矿石中提取的铀,它是^{238}U、^{235}U和^{234}U的混合物,其中^{238}U占99.27%(原子),^{235}U占0.714%(原子),剩余的是微量的^{234}U。天然铀是生产浓缩铀的原料,也可用于生产钚。天然铀金属可作为石墨水冷反应堆、石墨气冷反应堆的燃料。天然铀中的^{238}U在快中子反应堆中俘获中子后可形成^{239}Pu和

^{241}Pu增殖燃料。

贫化铀是指经分离或在反应堆中"烧过"以后，其中^{235}U的丰度低于天然丰度（0.714%）的铀同位素的混合物。在铀同位素分离工厂中会产生大量的贫化铀，贫化铀可作为核武器的反射层材料，也可作为贫铀穿甲弹和贫铀装甲的材料。在快中子增殖堆中可作为再生区的燃料。

钍是从自然界钍矿物和含钍矿物中提取的。独居石是钍和稀土的磷酸盐矿物，从处理独居石中获得的钍所占比重最大。

钍的主要放射性核素是钍-232，其半衰期为1.39×10^{10}年。此外，半衰期较长的钍同位素还有钍-230，其半衰期为8×10^4年。

钍本身不是易裂变物质，只有在反应堆内经中子辐照后生成的铀-233才是易裂变物质。铀-233与铀-235和钚-239一样，都属于易裂变材料，可以用来制造核武器。

在轻水增殖堆、重水堆、高温气冷堆、熔盐增殖堆中装入ThO_2或ThC_2元件，可以生产核燃料（铀-233）。但这些反应堆的初装料仍然需要铀-235或钚-239。

可以看出，需要重点加以控制和保护，防止其被盗、被破坏、丢失、非法转移和非法使用的核材料是核材料中的特种核材料。这是因为特种可裂变材料可被恐怖分子用于制造裂变核武器（原子弹）。通常所说的核材料控制、核材料实物保护（指对存放核材料的建筑物、车辆建立安全防护系统，以实施对核材料的保护）也是针对这类核材料而言的。

60. 恐怖分子是如何非法获得核材料的

核材料可被用于制造核武器，因而必然成为恐怖分子企图

获取的对象。当然，要获取用于足够制作核武器的核材料是困难的，加上制作、使用核武器的技术难度，恐怖分子获取足够核材料、并制作和使用核武器的可能性是极小的。但是恐怖分子可能获取核材料以制作粗糙核武器，或利用获取的核材料进行核威胁或恫吓。因此，对恐怖分子蓄意获取核材料的企图不能掉以轻心。

由于国际上和拥有核材料的国家对核材料实施了严格和比较有效的控制与保护，恐怖分子非法获取核材料是有相当难度的。

恐怖分子非法获取核材料的最主要方式是盗窃和黑市买卖。20世纪90年代初，由于苏联的解体曾出现对核材料疏于监管的现象，为核材料的非法交易提供了可乘之机。据国际原子能机构统计，1993～2000年世界范围发生了175起核材料的非法交易，其中又以1993～1995年为走私事件高发期。当然，已发生的核材料走私案例中，多数为低浓铀，属于高浓铀的走私案例少，距装备一枚粗糙核武器所需的量也还相差很多，但核材料的非法交易已引起广泛注意。

值得注意的是放射源的非法交易现象在国际上频频发生。放射源虽然不属于核材料，但可被用于制造脏弹，因此也必须防止放射源为恐怖分子非法获得。

61. 放射性散布事件发生的可能性有多大

在可能发生的各种核与辐射恐怖事件中，放射性散布事件发生的可能性是比较大的，甚至可以说是最大的。这是因为相对而言，恐怖分子获取放射源或其他放射性物质比较容易，而实施放射性散布事件也相对比较简单。

随着放射源在工业、农业、医学、教育等各个领域的广泛应用，放射源不仅已是可以合法购买与使用的工业产品，而且其数量也不断大幅度增加。据报道，有数百万枚放射源分布在世界各地，在我国也有放射源十余万枚。放射源管理中存在的不安全隐患，特别是大量的闲置源、废弃源乃至失控源的存在，使得恐怖分子制作放射性散布装置具有更大的现实可能性。

恐怖分子一旦获得放射源或其他放射性物质，制造放射性散布事件也相对比较容易，可以直接投洒放射性物质，也可制成脏弹进行爆炸。

62. 向水源或水体投放放射性物质的可能后果是什么

向水源或水体投放放射性物质，这也属于使用放射性散布装置的事件。恐怖分子在制造这类放射性散布事件时，比较可能选择液态放射性物质或投洒易溶于水的放射性物质。另外，还可能选择放射性毒性较大，甚至同时具有强化学毒性的放射性物质，如钚。

放射性物质进入水源或水体后，将在水中迁移和弥散开来。水中放射性核素的浓度将与释放到水中的放射性物质的量、放射性物质的理化性质及水体性质（水体体积、水体流速及其他水力学特性等）等因素有关。

恐怖分子向水源或水体投放放射性物质的可能后果是使水源或水体受到放射性污染（包括化学污染）。受放射性污染的水体将可能主要通过内照射途径（食入污染的水或水生生物，以及食入用污染水灌溉的农作物）对人体产生辐射照射。可以看出，放射性污染的水对人体的危害途径及大小直接与水源的利用情况有关，一般更关注的是污染水的食入。而污染水的控制使用以及其后可能的净化处理等是对待这类恐怖事件需要采取的措施。不过，这类事件一般不会造成急性辐射损伤或死亡。不言而喻，一旦水源或水体受到放射性污染，其在公众中可能造成的心理社会影响往往要远大于放射性污染的水对公众健康的可能影响。

63. 什么是核设施、核活动

核设施是指需要考虑核安全问题的规模生产、加工或操作放射性物质或易裂变材料的设施，包括其场地、建（构）筑物和设备。这里所谓规模不是指占地面积或体积，而是指放射性物质或易裂变材料的物料量。核设施有时也称核装置，它一般包括核电厂、核反应堆、核临界装置、铀水冶炼和转化厂、铀同位素分离厂、核燃料元件制造厂、核燃料后处理厂及独立的放射性废物处理装置或处置场（库）。

广义的核活动是指涉及核的活动，从这层意义上看，核设施的运行也属于核活动范畴。但当我们并列提及核设施与（或）核活动时，这里的核活动就不再包含核设施的运行，而是指除核设施运行以外的所有核活动，特别是指涉及核技术应用和放射性物质运输的那些核活动，也包括涉及核动力卫星的活动。

64. 我国有哪些主要核设施

我国的民用核设施有核电站、核燃料循环设施及研究堆等。核燃料循环设施包括铀水冶、转换、分离、元件制造、后处理、废物处置等设施。

截至2005年6月，我国已有6个核电站共11个机组处于运行或建造中，除田湾核电站两机组外，其余9个机组已投入正常运行。

运行和建造中的核电站概况

名称	地理位置	堆型	机组数	装机容量/万千瓦	目前状态	说明
秦山核电公司	浙江海盐县	压水堆	1	30	运行	自行设计建造
核电秦山联营公司	浙江海盐县	压水堆	2	2×60	运行	自主设计建造秦
秦山第三核电公司	浙江海盐县	重水堆	2	2×70	运行	从加拿大引进
大亚湾核电站	广东深圳市	压水堆	2	2×90	运行	从法国引进
岭澳核电站	广东深圳市	压水堆	2	2×100	运行	从法国引进
田湾核电站	江苏连云港市	压水堆	2	2×1000	建造中	从俄罗斯引进

我国的核燃料循环设施包括铀矿石的选矿、水冶、铀同位素分离、转换、燃料元件制造、乏燃料后处理（中间试验工厂）等各个生产环节。其中水冶设施比较多地分布于湘、鄂、赣各省，其他设施比较集中地分布于西南、西北和华北，已建成两座中低放固体废物永久处置场，分别位于甘肃和广东。大部分研究堆都坐落在大城市附近。除民用核设施外，我国还有在20世纪50年代发展起来的用于国防目的的核设施，包括水冶、分离、转换、元件制造、反应堆、后处理及核冶金与加工等设施，这些核设施多数已停产，处于退役（指停止服役并采取保护公众健康与环境安全的行动）或准备退役阶段。

65.核设施有防范恐怖袭击的能力吗

我国现有核设施都具有一定的防范恐怖袭击能力。其中尤以人们特别关注的核电站和燃料后处理中试厂的防范能力更强。

以核电站为例，核电站在设计、建造过程采取大量防止事故发生及缓解事故后果的安全措施，考虑了防范外部、内部事件的

破坏（包括小型飞机的撞击）。核电站设置有多重屏障，防止放射性物质外逸，特别设置有厚实、坚固的圆筒形安全壳，而且由于安全壳穹顶外形为球面，飞弹或飞机较难击中。有报道说美国核管会（NRC）经独立研究后认为，即使恐怖分子使用商业飞机攻击核电站，核电站向环境释放放射性的可能性也非常小。

　　核电站还通过分区管理及采取严格的保安措施（例如对出入口和周围边界进行控制）来防止恐怖分子的入侵。总之，目前的核电站对恐怖袭击具有较强防范能力，当然也需要结合反恐的特点进一步提高防范能力。其他核设施同样具有一定的防范恐怖袭击能力，但比核电站的防范能力可能差些，需要从强化安全保卫等方面改善和提高防范能力。

66. 核设施遭受恐怖袭击后可能有什么后果

袭击核设施是恐怖分子可能采取的主要恐怖袭击手段之一。其中，最受关注的是包容有大量放射性物质的核电站（包括用于储存使用过的核燃料的乏燃料水池）和燃料后处理厂。恐怖分子以飞弹、商用飞机攻击核电站安全相关的设施，或通过内部破坏造成重大核事故，从而造成大量放射性物质的释放。一旦因恐怖袭击而造成大量放射性物质向环境的释放，其后果类同于重大核事故向环境释放大量放射性物质的后果。放射性物质将通过烟云外照射、地面沉积外照射、吸入内照射、食入内照射，以及沉积于衣服、皮肤表面的放射性物质的外照射等照射途径危害人的健康。

当前，已针对核电站事故做了充分的应急准备。一旦核电站出现重大核事故，将通过对公众迅速采取防护措施（如隐蔽、撤离、服用稳定碘等），避免出现严重的确定性效应及降低随机性效应的发生率。这些应急措施同样适用于核电站遭恐怖袭击出现的大量放射性物质向环境释放的应急响应。对恐怖袭击核电站的可能后果的研究正在开展中，但可以肯定其最坏后果不会超过切尔诺贝利核电站事故（切尔诺贝利核电站事故中，公众无死亡或急性放射损伤发生）。

研究堆遭恐怖袭击的后果类似于核电站，但因其包容的放射性量远小于核电站，后果相应也要小得多。

其他燃料循环设施遭恐怖袭击的后果，关注的是铀转化、分离、元件制造等设施的铀化合物——六氟化铀（UF_6）的释放，因为UF_6很容易在空气中水解形成氟化氢（HF）气体，而HF的化学毒害是需要重点加以防护的。

67. 三厘岛核电站事故对环境造成重大放射性污染了吗

美国三厘岛核电站事故是世界核电发展史上第一起严重事故。

1979年3月28日美国三厘岛核电站2号机组反应堆堆芯严重损坏，部分堆芯发生熔化，造成大量放射性裂变产物从燃料中释放出来，但由于安全壳的包容作用，只有少量的放射性物质释放到环境中，公众接受的最大个人剂量略小于1毫希沃特（约为天然本底照射年剂量的1/3）。

三厘岛事故的发生，其原因既有设备的故障和设计的缺陷，更有人为的错误操作。该事故对环境的影响极其有限，也未对公众造成任何辐射损伤。但事故发生时，曾引起周围公众极其恐慌，约有8万居民自发撤离。事故导致的经济损失巨大（仅事故后的恢复工作，在10年期间就已耗资10亿美元），特别是严重地阻碍了世界范围内的核电发展。

从三厘岛事故的影响和教训中，各国对核电厂的设计、建造和运行做了很多改进，核电厂的核安全水平得到了很大提高。

68. 切尔诺贝利核电站事故到底死了多少人

　　1986年4月26日发生于苏联的切尔诺贝利核电站事故是迄今为止后果最严重的核电站事故。该事故的发生除设计上固有的弱点外，同时有操作人员的违章操作和判断失误。事故引起燃烧爆炸，又因为没有安全壳，大量放射性物质释放到大气中。根据联合国原子辐射科学效应委员会2000年报告，在应急工作人员中，有134人诊断为急性放射病，其中28人在1986年由于放射病死亡。1987~2004年，又有19人死亡，但其死因不一定与辐射照射直接相关。对于人们关心的另一个问题，辐射致癌问题，结论是切尔诺贝利事故发生以来，除了在白俄罗斯、俄罗斯和乌克兰儿童中甲状腺癌的发生率有所增加外，没有发现任何可归因于事故辐射的其他癌症发生率的增加。所以，所谓老鼠变成小猪那么大的诸多传说都是无根据的，曾有媒体报道的切尔诺贝利核电站事故已造成7000人死亡的消息更是不着边际。俄罗斯资深辐射防护专家伊连在所著的《切尔诺贝利：神秘与真相》一书中阐明了这一数据的来源：1989年全苏联20~49岁年龄段的年死亡率为455/10万，此值在2~3年内无明显变化。对于该年龄段30万人的人群每年死亡1326人，5~6年间死亡人数在6800~8200。此间与媒体报道的5~6年内消除事故的人员因辐射死亡人数（6000~8000人）几乎一致，说明所谓死亡7000人实际是自然死亡数。切尔诺贝利事故的经济损失极为严重，其造成的公众心理社会影响至今远没有消失，在白俄罗斯、乌克兰、俄罗斯出现了大量与社会心理影响相关的其他疾病。

切尔诺贝利电站是一种石墨慢化轻水堆，无安全壳，我国现有的核电站是压水堆电站或重水堆水站，都有安全壳，不会发生类似切尔诺贝利电站那样的事故。

69. 日本JCO事故的影响范围有多大

JCO事故是指1999年9月30日在日本东海村JCO公司的铀转换厂发生的核临界事故。

JCO事故的主要原因是工作人员违反安全操作程序和核安全原则，造成倒入沉淀槽的铀量超过临界质量，引发自持链式反应（自持裂变反应是指某些易裂变核素的原子核受中子轰击后分裂为两个具有中等质量的裂变碎片，同时释放大量能量和2或3个快中子。这些中子在适当条件下会被易裂变材料的原子核吸收，再引起裂变，如此继续下去，裂变反应不断进行，造成临界事故（即不可控制的自持裂变反应和能量释放）发生。该事故导致3名工作人员受到严重的超剂量照射，其中有1人后来死亡。

JCO事故是临界事故。临界事故的危害来自事故产生的γ和中子外照射，主要影响事故现场附近的人员，临界事故虽也会有少量放射性核素释出，但数量少，不会对外界环境造成可觉察的影响。针对JCO事故的环境监测也表明，该事故并没造成工厂以外的环境污染。

本是一件不会导致严重环境污染的临界事故，在当时却被不适当地宣传为严重的核事故。JCO事故过度炒作的不良影响在我国也有反映（当时曾启动大量辐射环境监测力量去监测该事故对我国环境的影响），这是需要吸取教训的。

70. 日本美滨核电站蒸汽泄漏事故有放射性释放吗

在某些人的想像中，凡是较严重的核电站事故，总是和放射性物质的释放联系在一起。其实并不是这么一回事，某些核电站事故并没有放射性释放，2004年发生的日本美滨核电站蒸汽泄漏事故就是这样一种事故。

2004年8月9日位于日本福井的日本关西电力公司的美滨核电站3号机组涡轮机室发生了蒸汽泄漏事故，造成4人死亡（灼伤致死），7人受伤。

美滨核电站是压水堆型电站，1976年投产运行。事故发生时，检测公司的工作人员正在为即将进行的3号机组大修做准备，在涡轮机室搬运检测设备，从涡轮机配水管道泄漏喷出的高压高温蒸汽成了这次事故的罪魁祸首，引发了这起4死、7伤的严重事故。

本次事故只是蒸汽喷出事故，没有放射性的泄漏。而造成事故的原因，据调查是冷却水管道自1976年投入使用后一直没有更换，经长期腐蚀造成在配水管道出现肉眼可见的漏洞。

本次事故的教训：核电站不仅要注意反应堆及相关核设备的安全，也要注意其他设备的安全，对发电设备也要进行全面检查，防止设备老化。

71. 什么是核武器

核武器是一种具有大规模杀伤与破坏效应的武器，它是利用原子核自持发生的裂变反应或聚变反应瞬时释放巨大能量而产生爆炸作用的武器。核武器有两类，一类叫原子弹，是利用铀、钚等易裂变原子核的裂变反应（由重原子核分裂为较轻原子核的过程），瞬时释放巨大能量；另一类叫氢弹，是利用原子弹爆炸的能量点燃氘（氢-2）、氚（氢-3）等轻原子核自持发生的聚变反应（由轻原子核聚合成为较重原子核的过程），瞬时释放巨大能量，杀伤有生力量，破坏工程建筑和武器装备。

核武器爆炸可产生冲击波、光辐射、早期核辐射、放射性污染及电磁脉冲等多种杀伤作用。核武器爆炸释放的能量要比普通炸药爆炸大得多。核武器的威力通常以释放相同能量的黄色炸药（TNT）的质量来衡量，称TNT当量，也就是相当于多少吨TNT

投在长崎的取名为"胖子"的钚原子弹，质量为5000公斤

爆炸时的能量。按其威力可分为：千吨级、万吨级、十万吨级和百万吨级等。核武器爆炸时产生4种杀伤因素，即光辐射（又称热辐射）、冲击波、早期核辐射和放射性污染；前三种是在爆炸瞬间释放的，称为瞬时杀伤因素。

恐怖分子获得核武器有两种可能的途径。其一是偷盗或抢劫现有的核武器。但由于装配好的核武器肯定处于严密的守卫和监控之下，这种行为得逞的可能性几乎没有。另一种途径就是自己制造，因受到核材料、设计制造技术和工艺的限制，恐怖分子只能制造相对简单的临时拼装的核武器（又称粗糙核武器）。

72. 什么是临时拼装的核武器

临时拼装的核武器是指由亚国家组织或恐怖分子为产生核爆炸而可能设计和制造的粗糙核武器。相对于现代核武器，这种临时拼装的核武器具有原理简单、结构不复杂、杀伤威力也相对较小（最多能达到10千吨量级）的特点，故称临时拼装的核武器或粗糙核武器。

据有关专家分析，制造核武器有三大关键：一是掌握原理，二是设计构型，三是要有足够的材料。对于恐怖分子而言，获取足够制作原子弹的核材料是十分困难的。由于核材料生产是一个庞大的连续生产过程，除了偷盗或非法走私外，恐怖分子是不可能自己制备核材料的。偷盗不需要动用国家的力量，走私基于高浓缩铀的临时拼装的核武器或许会躲过目标地区监测网的探测。高浓缩铀可能通过几种来源被恐怖分子所获得。美国和俄罗斯库存有大量多余的高浓缩铀和武器级钚，其他拥有核武器的国家也可能有少量库存这些核材料。所以，在当代武器科学相当普及的情况下，恐怖分子设计制造原理和结构都比较简单的小当量核武器是可能的，但要设计制造精密、现代的高当量原子弹，缺乏政府的强大支持是绝对办不到的，这也包括其不具备进行隐蔽核试验的能力。

因此，在恐怖分子获取足够的核材料后，其设计、制造的核爆炸装置必定只能具有如下特点：①就地制造，将偷盗或直接得到的核材料或部件就地简单加工、装配，再利用定时或遥控装置引爆；②结构简单，用不复杂的工艺制作；③威力较小，这不仅受核材料的限制，也受简单的制造工艺限制。

73. 临时拼装的核武器爆炸的特征和可能后果是什么

临时拼装的核武器属于小威力的核武器，根据专家的估计，恐怖分子制造的核武器，其威力一般不会超过千吨级TNT当量水平。

临时拼装的核武器爆炸的杀伤破坏作用决定于它的爆炸威力。威力很小的核武器，其杀伤破坏作用除了爆炸引起一般性外伤外，主要后果是核辐射损伤。随着武器爆炸威力的增加，可能产生类似于日本广岛、长崎原子弹爆炸的后果，此时的杀伤力将不仅来自核辐射，同样来自冲击波和光辐射等。

在城市环境中临时拼装的核武器爆炸会造成相当的混乱局面，伤亡人数取决于武器的威力、爆炸地点和环境条件。此时不仅人员伤亡数大，而且受伤人员同时受到辐射照射、外伤、烧伤及其他损伤等复合作用，从而使伤情复杂化。爆炸的间接效应，如随后发生的火灾和放射性污染将会使应对灾害的能力受到影响，可能破坏或阻断正常的运输线路，妨碍接近受伤人员，严重的放射性污染会阻碍拯救行动。核武器的电磁效应可能中断通讯系统、供电网络，破坏计算机和其他技术设备。0.10~10千吨威力核武器爆炸时4种杀伤作用对开阔地面无防护的人员的伤害范围见下表。

0.01~10千吨核武器爆炸时对开阔地面无防护的人员的杀伤范围

威力 /千吨	50%致死范围/米		引起4戈瑞吸收剂量的范围/米*	
	冲击伤	灼伤	早期核辐射	爆后1小时落下灰
0.01	60	60	250	1270
0.1	130	200	460	2750
1	275	610	790	5500
10	590	1800	1200	9600

*4戈瑞的照射可引起中度骨髓型急性放射病；放射性落下灰沉积模式取决于当地的气象条件，特别是风的模式和降水

若不考虑放射性沉降的复杂格局，最重要的直接影响是初始核辐射和灼伤。对于0.01~0.1千吨级小当量的核爆炸，受到严重而非致命灼伤的人员可能受到致命的核辐射照射。当威力增加到1千吨级时，灼伤的致死作用与早期核辐射一样重要。当威力为

10千吨级时，灼伤的致死范围将会超过早期核辐射。

由于临时拼装的核武器的威力变化范围大，考虑其爆炸对公众影响时不应只考虑辐射后果。还要注意爆炸可能带来大面积的放射性污染，此时需要采取类似于应对放射性散布事件的放射响应措施。

74. 贫铀弹是核武器吗，使用贫铀弹对人员和环境的影响是什么

贫铀弹不是核武器，是用由贫铀（即贫化铀）和少量钛（约0.75%）制成的合金作为弹芯的一种动能武器，用来穿透坦克的厚装甲，其性能优于钨穿甲弹。战场贫铀气溶胶有3个来源：①贫铀弹受热燃烧，少量贫铀氧化，产生少量微粒；②贫铀弹击中硬目标（如车辆引擎、重型坦克装甲或大块岩石），产生大量氧化物气溶胶；③污染地面或物件表面气溶胶再悬浮。

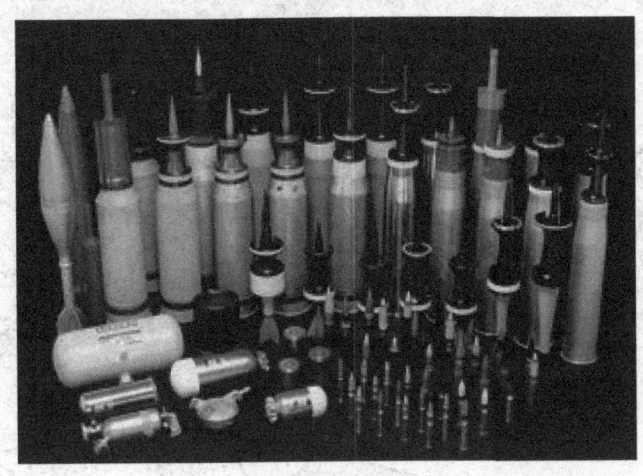

贫铀弹外观

以下一些战场人员会受到贫铀气溶胶的曝露：被贫铀弹击中的车辆内幸存的士兵，在车辆被击中后立即进入车内救助的人员，污染车辆内外进行修理工作的人员，在贫铀弹撞击点或燃烧点下风向的人员或者短时间进入污染车辆的人员。军事行动中受贫铀照射的途径有：吸入气溶胶粒子引起的内照射、食入贫铀所致的内照射、靠近含贫铀物件或接触贫铀时的外照射及贫铀从伤口吸收所致的内照射。

在上述人员中，被贫铀弹击中的车辆内幸存的士兵和击中后立即进入车内救助的人员的曝露水平最大，按目前通用的假设估计，诱发致死性肺癌的危险几乎不存在。其他曝露水平的危险更要低得多。

根据调查结果，战场使用贫铀武器对环境的污染有以下特点：①贫铀弹攻击形成的污染点的范围仅限于弹着点周围几米

处，不会造成大面积的地面污染和扩散；②遗留在地表的弹头在空气中腐蚀、氧化、脱落，会造成周围土壤污染，并可随雨水渗入到表层下土壤；③还没有发现受到贫铀弹攻击地区的水和牛奶样品中有贫铀的污染，但一些植物，如地衣和树皮，可以吸附环境空气中贫铀气溶胶而成为贫铀环境污染的标示物。

75.核与辐射突发事件的心理社会效应有哪些表现

自然灾难和各种人为灾难都会影响到社会生产、生活、人际交往等正常社会秩序，使受害者遭受不同程度的心理创伤和痛苦。灾害是一种特殊的应激，经历灾害事件后受害者可出现一系列应激反应，常见的表现有：①情绪改变，如焦虑、害怕、易怒、忧伤、无望、麻木；②认知改变，如注意力不集中、思考与理解困难、责难他人或自己等；③行为改变，如睡眠模式改变、工作表现改变、活动量改变、性生活改变、饮食习惯改变等；④生理改变，如心跳加快、血压升高、肌肉酸痛、出汗、寒战、月经周期紊乱等。这些改变具有阶段性的特点。

核与辐射突发事件与严重的自然灾害或外伤性事故相比，其所致的心理社会效应更有其特征：一是因为这种危险是属于非志愿和不熟悉的，电离辐射和放射性是感觉器官觉察不到的"毒物"，这种没有"痕迹"的灾害对精神健康会造成看不见的持续威胁。二是人们多少知晓核辐射可引起哪些隐性的不可逆转的损伤，引起疾病和死亡，尤其是对儿童和孕妇，所以容易引起恐惧心理。上述两种起因的结合变成了一个强有力的应激源，使得核

与辐射突发事件在人们心目中较为可怕,从而会有较多的人员产生急性和慢性心理效应。在发生放射性袭击事件后所遇到的问题主要有:我和我的家庭安全吗,我是否受到了照射,我受到了多少辐射剂量,我是否受到了放射性污染,我和我的家庭受到了多大的影响,下一步将会发生什么事,等等。这种围绕辐射照射的恐惧和关注,会错误地将任何疾病都归因于辐射照射。

第四章
公众防护行动

76. 核与辐射突发事件的时间阶段是怎么划分的

为了有针对性地采取保护公众的防护措施，参照核电厂重大事故时间阶段的划分，将核与辐射突发事件的时间阶段划分为早期、中期和晚期。

早期从突发事件开始，可能延续几小时到几天的时间。该时段特点是事件发生，并持续伴随有放射性物质的环境释放，主要照射途径是吸入和烟云中放射性物质的外照射，隐蔽、撤离、呼吸防护等可能是需要采取的主要防护措施。在核武器爆炸的情况下，爆炸的直接作用将是产生人员伤亡的主要原因。

中期是指事件得到控制后几天到几个月的时间。该时段的主要特点是不可控制的大气释放已停止，主要的照射途径是沉积于地面的放射性物质引起的地面沉积外照射、再悬浮物质（指因各种原因而悬浮于空气中的地面放射性污染）的吸入内照射和食入污染食品的内照射，需要采取的防护措施可能包括搬迁或食物控制。

晚期也称恢复期，可能持续几个月到几年的时间。该时段的特点是长寿命放射性核素已进入环境和食物链中，而且已取得大量的环境监测结果，主要任务是采取恢复行动，使受影响地区恢复正常生活，该时段食入和吸入再悬浮物质的影响可能是主要的。晚期的时间长短，取决于环境放射性污染的清除程度，只要可以正常出入和生活，晚期即可结束。

77. 保护公众的防护措施有哪些

在发生核与辐射突发事件时,特别是有较大量放射性物质向大气释放的情况下,对人员,主要是受影响较大的公众(如发生事故的核设施周围的居民或恐怖事件发生地点周围的公众),以及应急响应人员和从事善后处理的人员,应采取一系列有针对性的防护对策与措施,概括起来主要有以下几方面:①对突发事件地区及其周围环境进行辐射监测,以便科学地评价对人员可能导致的辐射危害;②制定干预水平、行动水平和应急照射水平。凡达到或超过这些剂量水平或污染水平时,应采取某种形式的干预或防护行动,以便对人们的受照剂量加以限制;③对人员采取防护措施,包括隐蔽、服用稳定性碘、撤离、个人防护、控制进出口通路、临时避迁、永久性重新定居、消除放射性污染、对食品使用进行干预等;④对人员进行必要的医学处理,依据放射损伤或其他损伤的类型和程度安排在不同水平的医疗单位分级处理;⑤酌情采用其他应急救援措施,如灭火、通信联络、报警、安全保卫、运输、设立临时收留中心等。

78. 对外照射如何进行防护

可以通过3种途径来减少外照射剂量:

一是远离放射源。已经证明,对一个点状放射源来说受照物体与源的距离每增加一倍,该物体的受照剂量将降低到原先的

1/4。所以，在处理一个废弃、闲置或无主的放射源时，应尽可能利用长柄操作工具。利用机器人遥控处理放射源更是一种现代化的手段。除非有必要，无执勤任务的人员应远离放射源和不进入放射性污染区。居民自污染区撤离实际上也是一种脱离放射源的措施。

二是缩短与放射源接触时间。在照射剂量率无明显下降的条件下，受照时间减少一半，照射剂量也减少一半。所以，从事核与辐射突发事件应急处理的人员应加强训练，提高工作熟练程度，缩短作业时间。

三是有效利用屏蔽物削弱射线作用于人体的强度。建（构）筑物和大型车船体对贯穿辐射均有不同程度的屏蔽性能。在落下灰沉降区，隐蔽在单层砖土房内所受剂量仅为户外的1/16～1/5，在地窖内约为1/12。在房屋内不同位置的屏蔽性能是：里间优于外间，墙角处优于屋正中更优于门后。乘坐车辆通过污染区，与徒步通过相比：一方面利用车体的屏蔽性能，使受照剂量减少30%~60%；另一方面也可缩短在污染区的通过时间。在处理单个放射源时，也应利用具有良好屏蔽性能的物体（如铅砖、铁板、混凝土板）来减少人体的受照剂量。

79. 对内照射如何进行防护

依据照射途径的不同，可采用不同的方法来减少放射性物质进入人体内的量。

为防止放射性微尘的吸入，首先应避免扬尘使近地面空气再度污染，如人员步行、车辆行驶或土工作业时，均应注意尽量减少扬尘。确实难以避免时则可采取加大车距、改变通过路线

等方法避开多尘的地点，适当浇湿地面也可减少扬尘。车辆和房屋本身均有不同程度的密闭性能，大大减少车内或房屋内空气污染程度。据测试，位于近距离落下灰沉降区的试验民房，无空气过滤装置，仅关闭门窗可使室内空气污染程度仅为室外的1/180~1/20。对于放射性微尘，除非在一些空气污染很严重的地区应利用防毒面具外，通常利用口罩就可以有较满意的效果，其阻留放射性微尘的效果可达80%~90%，但是应正确佩带口罩，防止侧漏。

80. 早期的防护措施是什么

在发生核与辐射突发事件后，特别是有较大量放射性物质向大气释放后早期（1~2天内），对人员可采用的防护措施有：隐蔽、呼吸道防护、服用稳定性碘、撤离、控制进出口通路等。隐蔽、撤离、控制进出口通路等措施对来自烟羽中放射性核素的外照射、由烟羽中放射性核素所致的体内污染，以及来自表面放射性污染物引起的外照射均有防护效果。呼吸道防护，包括用干或湿毛巾捂住鼻子的行动，可防止或减少吸入烟羽中放射性核素所致的体内污染。服用稳定性碘可防止或减少烟羽中放射性碘进入体内后在甲状腺内的沉积。

81. 中期的防护措施是什么

在事件中期阶段，已有相当大量的放射性物质沉积于地面，有时放射性物质还可能会继续向大气释放。此时，对个人而言除了可考虑中止呼吸道防护外,其他的早期防护措施可继续采取。为避免长时间停留而受到过高的累积剂量,主管部门可有控制和有计划地将人群由污染区向外搬迁——避迁。还应考虑限制当地生产或储存的食品和饮用水的销售和消费。控制食品和饮用水带来的风险要比避迁小得多。根据这个时期人员照射途径的特点,可采取的防护措施还有:在畜牧业中使用储存饲料,对人员体表去污,对伤病员救治等。

82. 晚期的防护措施是什么

在事故晚期(恢复期)做出防护措施决定所面临的问题是:在早期、中期阶段已采取防护措施的地区是否和何时可以恢复社会正常生活;或者是否需要进一步采取防护措施。做出允许恢复正常生活秩序的决定,其影响因素是多方面的,如受影响地区进行活动的特点、避迁人群的大小、季节和时令、除污染工作的难易程度,以及人们对返回家园的态度。是否继续采取某项措施,或者是否进一步采取其他防护行动,均须由主管部门进行评估和做代价利益的分析。

在事件晚期,主要照射途径为污染食品的食入和再悬浮物质的吸入引起的内照射。因此,可采取的防护措施包括控制进出口通路、避迁、控制食品和水,使用储存饲料和地区去污等。

83. 公众如何知道发生了核与辐射突发事件

核与辐射突发事件,包括核事故或核与辐射恐怖事件,其发

生都带有突发性质。加上放射性物质又是看不见、摸不着、闻不到的,因此,公众自身是难以发现这些事件的发生的。获悉这些事件发生的相关信息的惟一的也是可靠的渠道是地方政府的相关部门,例如公安部门或核应急主管部门提供的信息。

判明核与辐射突发事件发生,一般需要有一定的时间。对于核设施、核活动中出现的突发事故(包括恐怖分子的攻击),核设施、核活动营运单位有可能根据事故或突发事件的状况,较早地做出预测、判断,并立即报告相关的国家与地方政府部门,对这样的事件、事故,公众有可能比较快地获得相关信息。

核武器包括较大威胁的粗糙核武器爆炸,可以通过其产生的巨大冲击波加以判断。但要注意高当量的常规炸药爆炸也会产生冲击波,因此也可结合核武器爆炸有更强的光辐射进行判断。

对于放射性散布事件,要判明其放射性特征一般需要一段时间,或通过辐射测量,或通过医学诊断,确认某些人有辐射诱发的症状才可判定有放射性散布事件发生。比较现实也是比较容易的办法是根据辐射测量结合事件发生的其他情况分析。现代辐射测量技术的灵敏度可以发现任何可能危害人体健康的核与辐射突发事件。

84. 一旦出现了核与辐射突发事件,公众应怎么办

一旦出现核与辐射突发事件,公众必须做的第一件事是获取尽可能多的、而且是可信的关于突发事件的信息,并了解政府部门的决定、通知。为此,应通过各种手段(电视、广播、电话)

保持与地方政府的信息沟通,切记不可轻信谣言或小道信息,惟有来自政府相关部门的信息才是可信、可靠的。第二件事是按照地方政府的通知,迅速采取必要的保护自己的防护措施。①采取隐蔽措施以减少直接的外照射和污染空气的吸入。可以选用就近的建筑物进行隐蔽(当今的各种建筑物均具有隐蔽功能,地下室或高层建筑的隐蔽性能更好)。应关闭门窗,关闭通风设备(包括空调、风扇),同时要注意,当污染的空气过去后,迅速打开门窗和通风装置。②根据地方政府的安排实施撤离。撤离一定要有组织、有秩序地进行,否则可能带来严重的负面作用(交通事故或安排不当会受到更高辐射照射)。③当判断有放射性散布事件发生时,切记不能迎着风,也不能顺着风跑,应尽量往风向的侧面躲,并迅速进入建筑物内隐蔽。④采取呼吸防护,包括用湿毛巾、布块等捂住口鼻,过滤放射性粒子。⑤若怀疑身体表面有放射性污染,采用洗澡和更换衣服来减少放射性污染。⑥防止食入污染的食品或水;是否需要控制当地的食品和饮水,听从当地卫生、环

保部门的安排。

出现核与辐射恐怖事件，公众要特别注意保持心态平稳，千万不要惶恐不安。

85. 最初到达现场的初始响应人员应如何保护自己

一旦出现核与辐射突发事件，在早期阶段，首先赶赴出事地点的应急救援人员是初始响应人员。在多数情况下他们应是辐射监测人员、消防人员、警察和医护人员等。对这些人员采取适当防护措施是十分重要的。

除非是核事故或核设施遭破坏的恐怖事件，初始响应人员不一定能了解事件的辐射特性。由于这些应急响应人员不大可能像一般放射工作人员那样受过系统的专业训练，因而需要采取必要的措施，以保障这些人员在完成应急救援任务过程中不会受到不可接受的照射。为了将这些人员的受照危险减至尽可能的小，首先要让他们了解减少照射剂量的三个原则：①在有辐射的环境中停留的时间要短，②与放射源的间隔距离要大；③若有可能，要充分利用屏蔽防护。其次，要为他们配备能报警的辐射探测仪和个人剂量计。同时，还要给他们配备必要的个人防护用具，例如，防护面具或口罩、防护服、防护靴和帽等，以减轻或防止放射性污染。

使用辐射探测仪的人员应接受必要的培训，内容包括仪器的特性、需要测量的量，以及相应于报警水平照射的辐射危险。在进入放射性污染场所时，初始报警水平可以取每小时0.1毫希沃特的环境剂量率，因为此水平明显高于天然辐射本底水平，可以避免出现假的测量值。此初始报警水平还可用于对非必要人员的控制，限制他们进入高于此初始报警水平的地区。对初始响应人员还必须建立第二个报警水平，即返回水平(又称转向水平)，取环境剂量率每小时0.1希沃特或环境剂量0.1希沃特。初始响应人员不要在达到或超过此报警水平的位置执行任务，除非有抢救伤员的行动或必须抓紧时间控制事件的行动。

由于参与应急行动而可能使工作人员所受的剂量超过50毫希沃特时，工作人员参与这些行动应是自愿的；应事先将参与应急行动所要面临的健康危险清楚而全面地通知工作人员本人，并应在实际可行的范围内就需要采取的行动对他们进行培训。干预行动结束时，应向有关工作人员通告他们所受的剂量和可能带来的健康危险。不得因工作人员在应急照射情况下接受了剂量而拒绝他们今后再从事伴有职业照射的工作。但是，如果经历过应急照射的工作人员所受的剂量超过500毫希沃特有效剂量时，或者工作人员自己提出要求时，则在他们进一步接受任何照射之前，应认真听取合格医生的医学劝告。

86.什么情况下采取隐蔽措施，公众应注意什么

在有较大量放射性物质向大气释放的突发事件的早期和中期，隐蔽是可能采取的主要防护措施之一。在放射性物质释放时间较短的此类事件早期阶段，当烟羽通过时吸入剂量往往比外照射剂量要大。大多数建筑物可使建筑物内的人员吸入剂量约降低一半，但吸入放射性物质的量往往在几小时后迅速减少；隐蔽在室内也可减少外照射剂量，其效果视建筑物的类型与结构而

定，建筑物越大，减弱的效果也越明显。砖墙建筑或大型商业建筑物，可将来自户外的外照射剂量降低至1/10或更小，但开放型或轻型建筑物的防护效果较差。对烟羽外照射的防护效果可以用屏蔽因子（建筑物内／建筑物外人员接受的有效剂量之比）来评价，大的办公楼或工业建筑物为0.1～0.2，砖石结构房屋的地下室为0.4，砖石结构房屋为0.6，木结构房屋的地下室为0.6，木结构房屋为0.9。

隐蔽一段时间及烟羽通过后，隐蔽体内空气中的放射性核素浓度会上升，此时进行通风是必要的，以便将空气中放射性浓度降低到相当于室外较清洁的水平。因而对持久的释放而言，隐蔽的防护效果较差。

隐蔽时间短带来的风险和代价很小，而且绝大多数人员可在附近的建筑物内暂时隐蔽。但短时间内通知大量人员采取隐蔽措施也非易事，特别是事先没有预案的隐蔽，可引起社会秩序和公众心理等方面的问题。进行隐蔽时，有的家庭成员不在家，对其下落会感到很担心。除了工业生产有可能短时间中断外，经济上的损失可能不大，因而一般认为隐蔽是一种困难和代价较小、却有效的措施，在事件早期也较易实施。此项措施的另一好处是隐蔽过程中人群已得到控制，有利于进一步采取措施，如疏散人口或撤销已实施的防护行动等，但隐蔽时间一般认为不应超过2天。

87. 什么情况下采取撤离措施，撤离时应注意什么

在有较大量放射性物质向大气释放的突发事件发生后，撤

离是早期和中期采取的防护措施之一,它是指人们从其住所、工作或休息的场所紧急地撤走一段有限时间,以避免或减少由事件引起的短期照射,主要是由烟羽或高水平沉积放射性物质产生的高剂量照射。在大多数情况下,将允许撤离者返回自己的住所,一般为几天以内,只要这些住所可以居住又不需进行长时间消除污染。由于时间较短和暂时居住,可以在类似学校或公共建筑物的一些场所内暂住;若撤离时间超过一周,则应安排到更好的一些居住设施内。实施撤离行动可能遇到的问题是时间紧迫、困难较多、风险较大,易造成混乱,因而是否采取撤离行动应持慎重态度。

在核电历史上有两起情况不同的居民撤离实例可供参考。一起是1986年4月26日发生的苏联切尔诺贝利核电站事故,事故后次日决定距电站10公里范围内的居民实施撤离;事故后第6天(5月2日)决定30公里范围内的居民和大牲畜撤离,此后2天内撤离了50个居民点。事故后半个月内共撤离了13.5万人和18.6万头牛。由于组织有力,撤离过程交通管理良好,没有发生车祸和道路堵塞。总体来说,撤离是必要和成功的。另一起是1979年3月28日的美国三厘岛核电站事故。该事故释出的放射性物质总量并不大,电站附近居民受到的辐射剂量比全年天然本底辐射剂量低得多。但因反应堆堆芯严重损坏,电站所在的宾夕法尼亚州政府于3月30日发布了要求核电站8公里范围内的孕妇和学龄前儿童实施预防性撤离的公告。由于缺乏有序的组织和信息紊乱,电站周围几十公里内的公众纷纷自发撤离(绝大部分是整户自发撤离),造成社会混乱和极坏的公众社会心理影响。至4月9日危险结束,实际已撤离了14.4万人。

除了核电站事故外,还有一些事故采取了撤离公众的措施。如1957年8月29日发生在苏联乌拉尔南部科什多姆的储存强放射

性废物容器爆炸事故，下风向地区污染水平大于每平方米20兆贝可(MBq)的3个居民点的1150名居民在事故后7～10天撤离；后来每平方米大于0.12兆贝可的19个居民点的9580名居民在事故后250～670天撤离。另一起为1987年发生在巴西戈亚尼亚的铯-137医用辐射源被窃事故，密封源的栓被毁损后粉末状放射源人为地散落到居民住处，有7处85间房屋受到污染，按照专家当时提出的标准，200人从辐射水平大于每小时2.5微希沃特的41间房屋中撤出。

88. 什么情况下需要采取个人防护措施，公众应注意什么

个人防护措施主要是指人员呼吸道和体表的防护。当空气被放射性物质污染时，用简易方法（如用手帕、毛巾、布料等捂住口鼻）可使吸入放射性物质的剂量减少约90%。但防护效果的大小与放射性物质理化状态、粒子分散度、防护材料特点及防护物（如口罩）周围的泄漏情况等因素有关。对人员体表的防护可用各种日常服装，包括帽子、头巾、雨衣、手套和靴子等。当人们开始隐蔽及由污染区撤离时，可使用这些简易的防护措施。简易个人防护措施一般不会引起伤害，花费的代价也小。但在进行呼吸道防护时，对有呼吸系统疾病或心脏病的人员可能造成不利影响。

应对已受到或怀疑受到体表放射性污染的人员进行去污，方法简单，只要告诉有关人员用水淋浴，并将受污染的衣服、鞋、帽等脱下存放起来，直到以后有时间再进行监测或处理。不要因人员去污染而延误撤离或避迁。人员去污染措施的风险和困难较

小，但要防止将放射性污染扩散到未受到污染的地区。

89.什么情况下服用稳定性碘

在涉及放射性碘的核与辐射突发事件的早期和中期，有可能摄入放射性碘并浓集于颈前部的甲状腺内，使这个器官受到较大剂量的照射；此时，服用稳定性碘是减少甲状腺对吸入或食入的放射性碘吸收的一种有效的竞争性措施。犹如一个有不少座位的"电影院"（甲状腺），每个座位可"坐"一个碘分子，当稳定性碘的碘分子捷足先登占据了席位时，放射性碘的碘分子再进入电影院时就没有座位，只好离开电影院"排泄"掉了。所以，服用稳定性碘的时间对防护效果有明显影响。

健康成人在摄入放射性碘后约6小时内，甲状腺内放射性碘的浓度达到峰值浓度的50%，在摄入后1~2天达峰值浓度。若在摄入放射性物质以前6小时内服用稳定性碘，几乎可完全阻断放射性碘在甲状腺内的沉积。如果在吸入放射性碘的同时服用稳定性碘，则可阻断90%的放射性碘在甲状腺内沉积。措施的有效性随实施时间的拖延而降低，但在吸入放射性碘数小时内服用稳定性碘，仍可使甲状腺吸收放射性碘的量降低一半左右。

在发生核与辐射突发事件的大多数情况下，在环境受到意外的污染以前将碘片发下去是很困难的。所面临的困难是如何知道需服用此药片的人数和他们的地域分布。与通常的核事故应急计划不同之点是受到危险的人群是难以预测的。

理想的做法是事先将碘制剂发放并储存在"分发中心"，当发生需采取服用碘片防护的情况时，迅速下发到有关部门，如消防队、公安局、医院、卫生所、药房、私人诊所、工厂、学校、行政机构、市政部门及核设施本身等。

服用稳定性碘一般不是单独采用的一种防护措施，它常与隐蔽、撤离等措施同时进行。对成年人推荐的服用量为100毫克碘（相当于130毫克碘化钾或170毫克碘酸钾），对孕妇和3~12岁的儿童，服用量改为50毫克，3岁以下儿童服用量25毫克。上述推荐的服碘量风险不大，仅少数人可能出现过敏反应，对于饮食中明显缺碘的地区风险会有所增加；但从总体上讲，服用稳定性碘对年轻人所产生的不良反应相对较小，而对老年人则较高。

90.服用稳定性碘应注意什么

不同的人群在服用稳定性碘时有不同的注意事项：①妊娠头

3个月的妇女。除遵循无特殊需要不使用药物这一原则外，没有特殊禁忌。是否服用稳定性碘主要取决于她们在事件发生时所处的地区位置。在远区，因有较多的时间实施其他防护措施，故不需服用稳定性碘；在近区，若预计甲状腺受照剂量可能超过规定的干预水平时，须及早服用稳定性碘；服碘量和服药持续时间应控制在适当范围内，并应细心观察。②妊娠4~6个月的妇女。若预计甲状腺受放射性碘的照射剂量可能超过规定的干预水平时，无论在任何地区都应服用稳定性碘。服用稳定性碘的持续时间应限定在能适当阻断甲状腺吸收放射性碘的有效时间内。③妊娠7~9个月的妇女。无论是在远区或近区，都应服用稳定性碘，但服碘持续时间要限制在适当短的时间内。④哺乳期妇女。应服用稳定性碘，但要限制在最小的有效量。⑤出生后1个月内的新生儿。稳定性碘服用量应保持在有效的最低水平。⑥婴儿、儿童和16岁以下青少年。无论在远区或近区都应服用稳定性碘。⑦16岁以上的成年人。在近区，若预计甲状腺受照剂量可能超过规定的干预水平时，应给予稳定性碘；在远区，可以通过限制使用受到污染的食物而不服用稳定性碘。

　　服用稳定性碘的副作用和禁忌证也是一个要注意的问题。在正常情况下，每天从食物摄取0.10毫克碘，其中一小部分滞留在甲状腺，大部分随尿排出。当碘的摄入量过多时，可导致甲状腺体积增大，而甲状腺激素的产生却减少，最终可引起甲状腺机能减退。苏联切尔诺贝利核电站事故后，约1万名波兰孕妇曾服用70~100毫克碘化物（一次或多次），对她们随访观察的结果，没有发现其新生儿有甲状腺负效应。对一次或重复使用70毫克碘化物的约800万成年人的观察表明，大多数人的甲状腺正常，发现3例过敏反应（支气管痉挛），经治疗很快消失；在有突眼性甲状腺肿病史的人员中，可旧病复发；没有发现甲状腺炎。在

1050万儿童和13～17岁青少年人群中，未发现碘引起的甲状腺以外器官的副作用。

对有些人，如甲状腺有结节者、突眼性甲状腺肿已经治愈者、曾接受过放射性碘治疗者、甲状腺慢性炎症性疾病患者、甲状腺单侧切除者、有亚临床性甲状腺功能低下者、对碘过敏者、某些皮肤病（痤疮、湿疹、牛皮癣）患者等，应慎用或不用稳定性碘。

91. 什么情况下需要采取避迁措施，应注意什么问题

避迁是核与辐射突发事件中、晚期实施的防护措施之一。临时避迁的紧迫性比撤离要小，实施这一措施是为了避免在几个月内接受不必要的高剂量照射。随着时间的推移，由于放射性衰变和自然过程（如雨水冲刷和风化作用）会降低迁出地区的污染水平，使人员能返回这一地区并恢复在该地区的活动。可以采取一些补救措施（包括土地和房屋去污），用来缩短临时避迁的时间。有两个因素会影响临时避迁的时间：一是经济考虑，应考虑继续进行临时避迁的成本与永久性再定居的费用做比较；二是社会考虑，应考虑到不确定的、临时性的情况难以持久，较长时间的避迁会使受影响的人们产生焦躁和不满情绪，这可能导致劳动生产力的损失及影响公众健康，甚至可能影响人们的预期寿命。由于临时避迁可以采用受控和安全的方法来进行，因而可以认为临时避迁的风险（如对健康的危险）要比撤离的风险小。但应引起注意的是，居民中某些特殊人群组（如医院的病人），避迁对

他们健康的危害可能是较大的。

　　苏联切尔诺贝利核电站事故的经验是，国家给撤离家庭造成的财产损失以经济补偿，无偿拨给公寓；把农庄住户安插在相应的农庄里，使其有活干；对食品及日用品供应、儿童上课、疾病诊治、临时就业、工资及养老金发放、临时回原住处取财物等均有所安排。这在一定程度上缓解了公众对政府有关部门的不满，促进了社会的安定。

92. 什么情况下需要采取永久性重新定居的措施，应注意什么问题

　　长寿命放射性核素产生的照射剂量率下降较缓慢，在某些污染地区可能遇到这种情况，即虽然经过临时避迁，但长时间的剩余剂量却仍然高到需要进行永久性重新定居(或永久性重新安置)。在做出永久性重新定居的决策时，要考虑的因素包括所需资源、可避免的剂量、对个人和社会造成的混乱，以及与造成人们焦虑有关的心理、社会及政治因素。

　　永久性重新定居所需考虑的经济因素包括：人员及其财产的运输、新的住房及其基础设施的建造，以及新的基础设施建成之前收入的暂时损失。这些资源需要一次性投资。对于一般居民，有选择地采取某些防护行动，应考虑有可能带来潜在的社会问题；但对于年龄较大的人员，如果情况允许，就应准许他们返回自己的家园，而不是永久性重新定居。判定永久性重新定居的原则，除了可避免的剂量外，还应考虑临时避迁所能承受的最长时限。临时性避迁的时限取决于社会及经济的多种因素，一般不应长于1年左右。临时避迁持续1～5年，其经济代价将超过永久性

重新定居的代价。

93. 什么情况下需要对地区或通道实施控制或封锁，采取这一措施的主要困难是什么

一旦确定地区受放射性物质污染，人群要隐蔽、撤离或避迁，就应采取控制进出口通道的措施。这项措施的目的是防止放射性物质由污染区向外扩散，避免人员误入污染区受到照射，还可以减少交通事故。采取这一措施的主要困难在于，若较长时间控制通路，有些人就急于离开或返回自己的家中以便照料家畜或从封锁区抢运出货物和产品，这将使该工作难于进行。

94. 什么情况下应控制食物与饮水，公众应注意什么

当食品和饮水中的放射性核素的浓度超过国家标准规定的水平时，应禁止或限制食用或饮用这些受污染的食物和饮水。国家标准将食品分为两类，一类是一般消费食品，一类是牛奶、婴儿食品和饮水，并对不同核素分别规定了需采取干预行动的浓度水平。

在核与辐射事故后食物因受到放射性污染而弃用已有多起报道。如1957年10月英国温茨凯尔反应堆发生火灾事故，释出的放射性物质使下风向牧场受到污染，导致1300公里^{2}范围内生产的鲜牛奶禁止出售，废弃了200万升鲜牛奶，禁售的措施延续了44

天。1986年8月苏联切尔诺贝利核电站事故对食品的污染不但持续时间长,而且影响范围广。白俄罗斯曾规定大于每平方米0.56兆贝可的污染地区,必须停止生产污染水平超过标准的农产品;但国际组织的专家认为,应当缩小限制食品消费地区的范围;因为难以完全依靠外来食品的供应,过严限制食品的使用会扰乱人们正常的生活方式和习惯。西欧、北欧各国也受到影响,在瑞典有数千头驯鹿因体内铯-137污染水平超标在宰后掩埋或做它用;英国放牧羊肉的铯-137污染水平也超标。由于各国制定的食品污染控制水平不完全相同,曾造成食品市场的混乱,妨碍国家之间的贸易,边境交界处和港口鲜货堆积如山。1957年8月苏联乌拉尔高放废物罐爆炸事故后,污染区的露天水源、成熟的和已收割待运的农作物全部被污染;由于当地是自给经济,主管部门制定了土壤中锶-90不同污染水平的地区现有粮食可供消费的时间;有些在污染地区放牧的小牛,在屠宰前赶到清洁地区再喂养2个月,宰后检测决定是否进入市场。

在事件后(通常从中期开始)进行食物控制时,可考虑采用多种方案来降低食品污染水平,并在食品生产和分配的不同阶段进行控制。许多食品在出售前进行适当处理,可明显降低其污染水平。对受污染的食品可采取加工、洗涤、去皮等方法去污,也可在低温下保存,使短寿命的放射性核素自行衰变,以达到可食用的水平。对受污染的水,可用混凝、沉淀、过滤及离子交换等方法消除污染。这些措施还未能达到要求时,最后还可以完全禁止销售。

通常,在能够得到未受污染食品供应的情况下,采取禁止销售和食用受污染食品的措施,风险不大。

95. 什么情况下需要消除放射性污染，公众应注意什么

去污既是防护措施，也是恢复措施。防护措施通常是针对直接受到影响的居民，而恢复措施主要针对自然环境和恢复正常生活条件。恢复措施包括对建筑物和土地去污和清污，是指尽可能地恢复到事故前的状况。由于去污后就可以恢复某些活动，因而去污通常要比长期封闭污染区的破坏性小。去污的目的是为了减少来自地面沉积物的外照射，减少放射性物质向人体、动物体及食品的转移，降低放射性物质再悬浮和扩散的可能性。城市地区的去污效果取决于很多因素，不是所有这些因素均可控制。通常，去污措施开始越早效率越高，这是因为随着时间的推移，由于物理和化学的作用，增加了污染表面对污染物的吸附。但推迟去污也有好处，因为由于放射性衰变和气候风化可使放射性水平降低，从而减少了去污人员的集体剂量，所需费用也可降低。

对核与辐射突发事件污染的环境的整治，旨在使环境中残留的放射性和其他有害物质的量、所存在的现实及潜在危险减少到可接受的水平，并将整治中产生的废弃物进行有效的管理，从而实现污染现场的无限制或有限制开放或使用。由于诸多因素的差异，故对上述两种使用情况的环境后果必须区别对待。整治技术可大体上分为清除和补救行动两类，前者着眼于减少放射性污染的量，后者则关注现实与潜在危险的减少，而且只有在不得已的情况下才考虑采取补救行动。有时，可以将污染区监控起来，让其经历长时间的自然作用而逐渐恢复，但对人口稠密的城市功能

地区或旅游区等极具有经济价值的区域,采取一些积极的措施更为适宜。

对公众来说,参与消除放射性污染的行动应在专业人员的指导下进行,在经过整治的环境中生活应遵守主管部门的规定。

96. 怎么知道自己的房屋和其他财产受到放射性污染

在疑有或确有核与辐射突发事件发生的初期,政府主管部门将快速组织现场的监测和评价,以判断放射性污染的性质、实际的污染水平及范围,用以指导后续的应急行动中对应急响应人员的监护和伤员的救治。除了现场快速监测外,还会对预计的或已存的靶目标(包括房屋)采用现场采样及实验室测量的方法进行

放射性监测。

公众可以借助于沟通程序与政府主管部门或媒体取得联系，获得自己关切的信息（包括自己房屋和其他财产的放射性污染情况），并按应急响应组织的要求决定应采取的措施。

97. 什么情况下需要进行地区去污与恢复措施

污染区的处理是事件晚期（几个月到几年的时间）的补救行动之一，其目的是让公众能在正常条件下永久性居住或恢复社会的正常秩序。在美国，曾发布在土地不同使用情况下（包括农业区、城市郊区和工业区）污染土壤的筛查水平，供制定现场恢复计划的最后优化方案时参考。我国国家环境保护总局也已于2000年提出了土壤中7种核素活度浓度的可接受水平。2002年发布的我国电离辐射防护基本标准提出了土壤受放射性残存物污染时的年剂量约束值。这些标准可用来决定某一污染地区是否需要采取去污与恢复措施。但是，地区采取去污与恢复措施后，土地的利用是否还要加以限制是一个复杂的问题。根据已有的实际经验，对每一个特定的地区都要贯彻"区别对待，因地制宜，逐例分析"的方针，以个案方式优化处理污染场址清除和开放的问题。

98. 在突发事件现场出现伴有外伤的放射性污染伤员时，公众应如何自救、互救

严重的核与辐射突发事件，既可发生放射损伤(包括全身外照射损伤、体表放射损伤和体内放射性污染)，也可发生各种非放

射损伤（如烧伤、创伤、冲击伤）和放射性复合伤。在实施现场救护任务的应急救护人员到达以前，现场公众组织及时的自救、互救不仅能使伤员得到及时救治，而且也能保证大部分医疗抢救力量优先抢救重伤员，从而提高现场的抢救率。参照核武器杀伤区抢救工作的经验，伴有爆炸的核与辐射突发事件现场公众的自救、互救，根据不同情况可进行以下抢救任务：①挖掘被掩埋的伤员；②灭火和使伤员脱离火灾区；③简易止血；④简易包扎或遮盖创面；⑤简易固定骨折；⑥清除口鼻内泥沙，对昏迷伤员将舌拉出以防窒息；⑦给伤员服用随身携带的药品（如止痛药）；⑧简易除污染；⑨护送伤员等。接着按我国现行的三级医疗救治体系进行现场医疗救治，其主要任务是发现和救出伤员、对伤员进行初步医学处理，抢救需紧急处理的危重伤员。

99. 哪些伤员可在普通医院治疗

一旦接到发生事故的通知，医院应立即启动响应计划。承担救治任务的医疗单位可在已有的基础上为接受放射性污染的病人设置随时可启用的专用通道，直接通向放射性污染处理室；设置无菌手术室，开展常规手术；建立处理体外放射性污染并防止放射性污染扩散的设施等。

在普通医院，可对以下辐射损伤伤员进行观察和治疗：伤情不重的局部照射或全身照射的伤员，不伴其他伤情的轻度体表污染的伤员，无直接后果的仅摄入少量放射性物质的病人。对中度或重度急性放射病、伴有严重复合伤的体表污染或体内污染的病人，则须有专家指导救治或转送专科治疗中心。

必须强调，放射性污染（无论是体表污染或体内污染）均不

会立即危及生命,因此放射性污染评价或去污绝不能先于医疗救治。对受污染和受伤病人医学处理顺序按其重要性排序如下:急救和复苏,稳定病情,治疗严重损伤,防止或减少体内污染,评价体表污染并去污,治疗其他不太严重的损伤,防止治疗区域和其他人员受到污染,尽量减少对医护人员的外照射,评价和治疗体内污染,评价局部辐射损伤或放射烧伤,对严重辐射伤员进行长期、全面的随访观察等。

100. 公众在突发事件中及事件后应如何控制情绪和保持良好的心态

发生任何重大灾害,均可引起公众(或人群)不同程度的心理社会效应,轻则很快消失,重则可影响身心健康,甚至波及社区和国家，造成重大损失。对于涉及核与辐射的突发事件，更由于以下3个因素而易引起人们的恐惧心理：①电离辐射看不见、摸不着；②广岛、长崎原子弹爆炸和切尔诺贝利核电站事故的历史阴影；③电离辐射引起的近期损伤和诱发的远期效应。

针对这种心理社会问题，首先要贯彻预防的原则。需要在计划、组织、资源和培训等方面预先做好准备，使从事卫生与人道主义服务的专业人员熟悉这类突发事件的前因后果。发生这类事件后有些人员出现愤怒和责难是可以理解的，这些情感的初始焦点会集中到肇事者身上，随着事件内幕的揭开，人们的愤怒或许会转移到其他地方。为了获得公众的信任，对社区有影响的措施要通过公开的方式进行决策，坦率地说明决定背后的论据以及实施方案。

对于受到心理打击的受害者，可以采取一些对内心有安抚作用的方法来解除精神紧张。这种心理应对的方法有很多，有许多表现为主动、向外、释放和进取特点的方法。例如，树立理想，发愤工作，弥补心理创伤；转移注意力，参加文体活动，松弛精神紧张；多做转移性动作，降低心理紧张程度；自我解嘲，发笑幽默，冲淡沉闷气氛；寻求同情、安慰和忠告，倾吐感情。

有的受灾者可能会出现某些不良行为。例如，咒骂指责，怨天尤人，减少心理压力；寻衅挑剔，与人为难，发泄胸中积愤；蛮不讲理，不计后果，损害他人与社会。还有许多表现为抑制、退缩、被动和消极的特征。例如，自我镇静，主动抑制，保持内心平静；旁观超脱，若无其事，消除情绪反应；否认事实，不予置信，避免精神崩溃；休息睡眠，吸烟喝酒，解除精神忧愁；抱病养伤，减轻负担，获取同情与支持；行为退化，天真无邪，减轻心理负担，祈求神佛，祷告天地，应付精神紧张；可能还有一些人出现失态的表现。

人类行为具有多样性和复杂性的表现，要求心理学家必须根据病人的具体情况，采取有针对性的心理治疗方法。患者的家属和相关的人员应及时为有这些表现的人员安排心理治疗。

101. 哪些人员应接受心理卫生方面的帮助

灾后应对产生心理障碍的人员给予心理卫生方面的帮助，为此须采用心理学的方法对受到波及的人员的心态和行为进行诊断，以确定其正常与否、异常程度和性质。心理诊断的方法通常包括详细询问病史和家族史、诊断性会谈和进行心理测验。

心理测验在灾难发生后心理障碍普查方面有特殊的意义。进行心理测验时应慎重选择测验量表，与被测试者建立良好的协调关系，控制好实施测验的误差，正确解释测验结果，注意测验结果的保密。

对潜在受灾者用心理测验量表进行分类，旨在确定危险人群，以便针对性提供心理卫生服务。世界卫生组织推荐了两种方法：一是标准化工具（测验量表），如自评问卷，它可筛查出重大灾难后幸存者的情感痛苦水平，也可用其他类似工具，如一般健康状况问卷和资源留存调查表，来评估幸存者的心理状况；二是依照受伤程度、个人和（或）财产损失程度、应对方式、灾后社会混乱和社区毁坏程度，以及受灾者的易损性，对潜在受灾者进行分类，以便根据他们的分类级别给予相应的心理援助。通常，直接卷入大规模灾难或者丧亲、财产损失的幸存者是首先需要及时给予心理援助的潜在受灾者；其次是与他们有密切联系的个人和家庭；此外，从事救援或搜索的人员或者帮助进行重建或康复工作的成员和志愿者也应考虑在内，在临近灾难场景时易感性高的个体也可能表现心理病态的征象。这些现象说明一个人的心理灾难不仅影响他一个人的生活，还要影响到所有与他相关的人的生活，最终影响社会关系和社会功能。

102. 在突发事件中为什么要对儿童、老人、残疾人、孕妇和年轻妇女采取特别保护

灾害发生后，受波及群体的所有人都会受到影响，但是有些特征人群或称亚群，易受到较大的心理影响，需要加以特别的考虑。这些高危人群包括一般公众，如儿童、孕妇、年轻母亲、老人和残疾人，以及在极端条件下致力于应急响应的工作人员和从事恢复清除工作的人员。

在突发事件后，要对儿童在心理健康方面给予额外的帮助，因为儿童是一个特殊的易受伤害的亚群。灾难和紧急事件常导致儿童不同程度的创伤，影响他们的健康发育，也造成他们的心理伤害。越小的儿童越脆弱，因为他们还未形成有效的应对机制。对老人和残疾人而言，他们的活动能力有限。在灾前，他们常常不能获得警报信息，也缺乏撤离的能力；有的依恋家居环境不愿撤离，有的疾病缠身或行动不便；社会对这一群体的支持力度有时亦力所不能及。所以在突发事件后，他们的心理伤害会高于一般群体。在灾后，他们可能会发怒、悲伤，但也可能几乎没有反应，他们会表现出强大的意志力和顺应性，因为他们以前曾经历过这种损失。他们较难适应陌生的生活环境，由于不能负担起社会责任，故可能处于较低的社会阶层。紧急事件后物质匮乏的环境也会加重他们的心理社会方面的影响。

在核与辐射突发事件后，孕妇将面临额外的压力，她们可

能需要考虑是否流产以防止生下畸形婴儿。甚至在胎儿所受吸收剂量并不足以产生不良影响时,她们仍然忧心忡忡,考虑是否流产。在美国三厘岛和苏联切尔诺贝利核电站事故后所做的研究已经发现,带孩子的中青年母亲的心理效应要比一般居民大得多,她们不仅关注对自己健康的影响,而且更担心尚未独立的暂时或长期因各种原因被隔离的子女的处境和健康状况。妇女在社会结构中属于脆弱的部分。在灾前,她们维系着家庭的稳定;在灾后,她们又承受家庭日常活动过重的负担。

所有这些情况要求相关部门对儿童、老人、残疾人、孕妇和带孩子的中青年母亲这些弱势群体给予特别的关注。

附 录

放射性度量常用量和单位

量的名称	单位名称	单位符号	曾用单位名称	单位符号	两种单位的换算关系
活度	贝可(勒尔) Becquerel	Bq	居里curie	Ci	$1Ci=3.7\times10^{10}Bq$
吸收剂量	戈(瑞) Gray	Gy	拉特rad	rad	$1rad=0.01Gy$
当量剂量	希(沃特) Sievert	Sv	雷姆rem	rem	$1rem=0.01Sv$
有效剂量	希(沃特) Sievert	Sv	雷姆rem	rem	$1rem=0.01Sv$